JN126730

電卓計算
直前模試

目次

答案記入上の注意　－審査（採点）基準－

電卓計算能力検定試験の答案審査（採点）は、次の基準にしたがって行われます。下記をよく読み、正しい答案記入方法を身に付けましょう。

❶ 答案審査にあたって、次の各項に該当するものは無効とする。

(1) 1つの数字が他の数字に読めたり、数字が判読できないもの。

(2) 整数部分の4桁以上に3位ごとのカンマ「，」のないもの。

(3) 整数未満に小数点「．」のないもの。

(4) カンマ「，」や小数点「．」を上の方につけたり、区別のつかないもの。

(5) カンマ「，」や小数点「．」と数字が重なっていたり、数字と数字の間にないもの。

(6) 小数点「．」をマル「。」と書いたもの。

(7) 無名数の答に円「¥」等を書いてあるもの。

　　ただし、名数のときは円「¥」等を書いても、書かなくても正解とする。

(8) 所定の欄に答を書いていないもの。ただし、欄外に訂正し、番号または矢印を添えてあるものは有効とする。

　　所定欄：見取算・伝票算は枠で囲まれた部分、乗算・除算・複合算は等号「＝」より右側枠内。答が所定欄からはみ出したときは、その答の半分以内であれば有効とする。

(9) 答の一部を訂正したもの。（消しゴムで元の数字を完全に消して、書き改めたものは有効とする。）

(10) 所定の欄にあらかじめ印刷してある番号を訂正したり、入れ替えたりしたもの。

(11) 答を縦に書いてあったり、小数部分を小さく書いたり、2行以上に書いてあるもの。

(12) 所定の欄に2つ以上の答が書いてあるもの。

❷ 答案記入上の例示

(1) 数字の訂正

【表示部】

1,234.567	1,234.567
+,233.567 （○）	+,233.567 （○）

```
              4
1,233.567 （×）    1,234.567 （×）
```

1,234.	1,234.
+,233.567 （×）	+,234.567 （×）

(2) 端数処理した答（小数第3位未満の端数を四捨五入）

【表示部】

`0.3695` → 0.370 （○）　0.37 （○）　.370 （○）　.37 （○）

【表示部】

`2.3001` → 2.300 （○）　2.3 （○）　2.30 （×）

数字の練習

検定試験では制限時間があるため、答を少しでも速く書こうとするあまり、数字が汚くなりがちです。また、電卓ではカンマが数字の上方に表示されますが、正しくは数字の下方に記入しなければなりません。正しい数字の記入の仕方を身に付け、検定試験に臨みましょう。

● 下記の表示部を見て、記入欄Ａ、Ｂに数字を記入しましょう。

• 記入欄Ａに記入する際には、枠の中に収まるように記入しましょう。なお、枠の中の太い区切り線（｜）は、整数位を表しています。

• 記入欄Ｂに記入する際には、バランスを考えて丁寧に記入しましょう。カンマ・小数点は正しい位置に書きましょう。

表示部	記入欄Ａ	記入欄Ｂ
（例）123'456'789.012	123456789｜012	123,456,789.012

記入欄Ａ 位の表示：億の位／千万の位／百万の位／十万の位／万の位／千の位／百の位／十の位／一の位／小数一位／小数二位／小数三位

• カンマは数字の下側に、左向きに書くこと。

• 小数点はカンマと見分けられるように書くこと。

1	123'456'789.12		

この点は書かないこと。

2	123'456'789.12.		
3	123'456'789.12		
4	123'456'789.12		

●「1」と「7」の練習

5	111'777'111'777.		
6	777'111'777'111.		
7	17'17'17'17'17'17.		

●「6」と「0」の練習

8	666'000'666'000.		
9	0.60606060606		
10	606'060'606'060.		

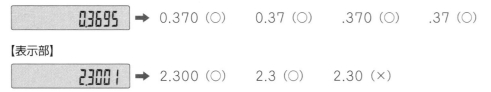

9784883277728
1921034008505
ISBN978-4-88327-772-8
C1034 ¥850E

EIKOSHO

定価　935円（税抜価格850円）

全経・電卓計算能力検定試験準拠
電卓計算1級　直前模試
経理教育研究会編
英光社

公益社団法人全国経理教育協会主催／文部科学省後援
電卓計算能力検定試験準拠

電卓計算 直前模試

1級
本試験形式

経理教育研究会編

本書の特長

1. 良質の模擬問題
過去出題問題を徹底的に分析し、15回分の模擬問題を作問いたしました。
出題傾向に基づいて偏りなく作問しており、どの問題も本試験と同等のクオリティです。

2. 本試験と同一形式
本試験と同一形式のプリントですので、本番に臨む心構えを養うことができます。

3. わかりやすい解説付き
乗算・除算・複合算の計算順序を、わかりやすく解説しています。また、答案記入上の注意とともに、数字の練習ページも設けています。

4. 伝票算付き
本書に添付の伝票算は、両面に問題を印刷していますので、左手でも右手でもめくることができます。
ページをずらして使用することにより、1冊で15回分の練習ができるようになっています。
（本試験とは体裁が異なりますが、学習者の利便性を考慮した上での体裁とご理解ください。）

EIKOSHO

[編者紹介]

経理教育研究会

商業科目専門の執筆・編集ユニット。
英光社発行のテキスト・問題集の多くを手がけている。
メンバーは固定ではなく、開発内容に応じて専門性の高いメンバーが参加する。

ちょっと臆病なチキンハートの犬

チキン犬

・とても傷つきやすく、何事にも慎重。
・慎重すぎて逆にドジを踏んでしまう。
・頼まれごとにも弱い。
・のんびりすることと音楽が好き。
・運動は苦手（犬なのに…）。
・好物は緑茶と大豆食品。

■英光社イメージキャラクター
『チキン犬』特設ページ
https://eikosha.net/chicken-ken
チキン犬LINEスタンプ販売中！

電卓計算1級直前模試

2023年4月15日　発行

編　者　経理教育研究会
発行所　株式会社 英光社
〒176-0012　東京都練馬区豊玉北1-9-1
TEL 050-3816-9443
振替口座 00180-6-149242
https://eikosha.net

ISBN 978-4-88327-772-8 C1034

本書の内容に誤りが見つかった場合は、ホームページにて正誤表を公開いたします。
https://eikosha.net/seigo

本書の内容に不審な点がある場合は、下記よりお問合せください。
https://eikosha.net/contact
FAX 03-5946-6945
※お電話でのお問合せはご遠慮ください。

落丁・乱丁本はお取り替えいたします。
上記contactよりお問合せください。

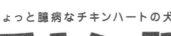

シャープ製電卓の解説

乗算・除算

❶ 乗算・除算の概略

(1) 解答欄

乗算・除算は上段と下段に分かれており、それぞれ33箇所ずつ、合計66箇所の解答欄があります。検定試験では、66箇所の解答欄のうち、上下段10箇所ずつ、計20箇所だけが採点の対象となります。右ページの計算例において、●が採点箇所です。なお、採点箇所は発表されません。

(2) 名数と無名数

上段は無名数、下段は名数の問題です。無名数とは単位のない数、名数とは単位（電卓検定では“¥”）のある数のことです。

(3) 小計と合計

小計：問1～問5を累算して小計①を求めます。GTスイッチをGT位置にしておくと、=キー（および%キー）で求めた計算結果が自動的にGTメモリーに累算されます。小計②についても同様です。

合計：小計と小計を足して合計を求めます。合計は独立メモリーを使用して求めます。GTメモリーで小計を求めたら、すぐさまM+を押し、独立メモリーに入力します。独立メモリー内の数値（すなわち合計の値）はRMにより表示できます。

(4) パーセント（構成比率）

パーセントは左右2列あります。左列の上部が小計①に対するパーセント、下部が小計②に対するパーセント、右列が合計に対するパーセントです。

パーセントは、「乗算の答÷小計（もしくは合計）×100」で求められます。「÷小計（もしくは合計）×100」の計算は5ないし10回連続しての計算となりますので、「定数計算機能」を活用すると、キー操作が省略できます。右ページのキー操作にて確認してください。

(5) 端数処理

端数処理はすべて「四捨五入」です。乗算で小数第5位未満、パーセントで小数第2位未満に端数のあるときは四捨五入します。ラウンドスイッチの設定を「四捨五入」にあわせておくと、=キーなどを押したときに端数処理が実行されます。計算の途中でタブスイッチ（小数部桁数指定スイッチ）の切替えを忘れないように注意しましょう。

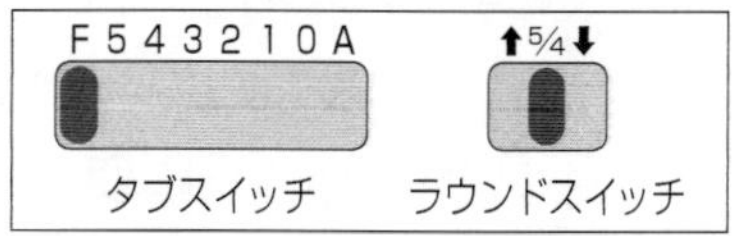

❷ 計算順序

右ページをご覧ください。乗算・除算とも計算の順序は同じですので、ここでは乗算の上段を例に説明します。計算の順序は、（ア）～（ム）の通りです。なお、計算例は実際の1級問題より桁数が少ないことをご承知おきください。

❸ 計算上の注意

(1) 小計を求めたら、すぐにその値を独立メモリーに入力しましょう。

(2) タブスイッチの切替えのタイミングを確認しておきましょう。

(3) パーセント計算は逆数計算や定数計算機能を活用しましょう。

(4) パーセント計算の際に読み取りやすいように、解答をきれいに記入しましょう。

計算例とキー操作

No.								
1	2, 683	×	714	=	(ア)	1, 915, 662	(キ) ● 12. 50%	(ネ) 12. 50%
2	5, 046	×	859	=	(イ) ●	4, 334, 514	(ク) 28. 28%	(ノ) 28. 28%
3	1, 350	×	962	=	(ウ)	1, 298, 700	(ケ) 8. 47%	(ハ) ● 8. 47%
4	729	×	6, 085	=	(エ)	4, 435, 965	(コ) 28. 94%	(ヒ) ● 28. 94%
5	8, 237	×	406	=	(オ) ●	3, 344, 222	(サ) 21. 82%	(フ) 21. 82%
	No. 1～No. 5 小計 ①				(カ)	15, 329, 063	100 %	
6	0. 0915	×	74. 3	=	(シ)	6. 79845	(ツ) ● 19. 17%	(ヘ) 0. 00%
7	6. 702	×	1. 98	=	(ス) ●	13. 26996	(テ) 37. 41%	(ホ) 0. 00%
8	1. 564	×	0. 237	=	(セ)	0. 37067	(ト) 1. 05%	(マ) 0. 00%
9	0. 3498	×	0. 051	=	(ソ) ●	0. 01784	(ナ) 0. 05%	(ミ) 0. 00%
10	4. 971	×	3. 02	=	(タ)	15. 01242	(ニ) ● 42. 33%	(ム) 0. 00%
	No. 6～No. 10 小計 ②				(チ)	35. 46934	100 %	
	（小計 ①＋②）合計				(ヌ) ●	15, 329, 098. 4693		100 %

1. 
2. CA　　0.
3. 2 6 8 3 × 7 1 4 =　　1915662. G (ア)
4. 5 0 4 6 × 8 5 9 =　　4334514. G (イ)
5. 1 3 5 0 × 9 6 2 =　　1298700. G (ウ)
6. 7 2 9 × 6 0 8 5 =　　4435965. G (エ)
7. 8 2 3 7 × 4 0 6 =　　3344222. G (オ)
8. GT　　15329063. G (カ)
9. M+　　15329063. MG
10. GT GT　　15329063. M
11. 
12. ÷ =　　0.00 M
13. 1 9 1 5 6 6 2 %　　12.50 MG (キ)
14. 4 3 3 4 5 1 4 %　　28.28 MG (ク)
15. 1 2 9 8 7 00 %　　8.47 MG (ケ)
16. 4 4 3 5 9 6 5 %　　28.94 MG (コ)
17. 3 3 4 4 2 2 2 %　　21.82 MG (サ)
18. GT GT　　100.01 M
19. 
20. ・ 0 9 1 5 × 7 4 ・ 3 =　　6.79845 MG (シ)
21. 6 ・ 7 0 2 × 1 ・ 9 8 =　　13.26996 MG (ス)
22. 1 ・ 5 6 4 × ・ 2 3 7 =　　0.37067 MG (セ)
23. ・ 3 4 9 8 × ・ 0 5 1 =　　0.01784 MG (ソ)
24. 4 ・ 9 7 1 × 3 ・ 0 2 =　　15.01242 MG (タ)
25. GT　　35.46934 MG (チ)
26. M+　　35.46934 MG
27. 
28. GT GT　　35.46934 M
29. ÷ =　　0.03 MG
30. 6 ・ 7 9 8 4 5 %　　19.17 MG (ツ)
31. 1 3 ・ 2 6 9 9 6 %　　37.41 MG (テ)
32. ・ 3 7 0 6 7 %　　1.05 MG (ト)
33. ・ 0 1 7 8 4 %　　0.05 MG (ナ)
34. 1 5 ・ 0 1 2 4 2 %　　42.33 MG (ニ)
35. GT GT　　100.04 M
36. RM　　15329098.4693 M (ヌ)
37. ÷ =　　0.00 M
38. 1 9 1 5 6 6 2 %　　12.50 MG (ネ)
39. 4 3 3 4 5 1 4 %　　28.28 MG (ノ)
40. 1 2 9 8 7 00 %　　8.47 MG (ハ)
41. 4 4 3 5 9 6 5 %　　28.94 MG (ヒ)
42. 3 3 4 4 2 2 2 %　　21.82 MG (フ)
43. 6 ・ 7 9 8 4 5 %　　0.00 MG (ヘ)
44. 1 3 ・ 2 6 9 9 6 %　　0.00 MG (ホ)
45. ・ 3 7 0 6 7 %　　0.00 MG (マ)
46. ・ 0 1 7 8 4 %　　0.00 MG (ミ)
47. 1 5 ・ 0 1 2 4 2 %　　0.00 MG (ム)
48. GT　　100.01 MG

複合算

❶ 複合算の概略

複合算は、加減乗除（＋－×÷）の計算を、計算の規則に従い、電卓の機能を活用しながら順序立てて進めて行くことが求められます。計算規則とは次の通りです。

【1】乗算（×）、除算（÷）を優先する。

例1 $2 \times 3 + 56 \div 7 =$

先に乗算・除算を計算し、次に両方の値を足し算します。

[1] 2×3=6
[2] 56÷7=8
[3] 6+8=14

[練習1] $4 \times 8 + 9 \div 3 =$
[練習2] $12 \div 2 + 5 \times 7 =$
[練習3] $12 \times 3 - 24 \div 6 =$

【2】（　）内の計算を優先する。

例2 $(18 - 9) \times (23 - 15) =$

先に（　）内を計算し、次に両方の答を掛け算します。

[1] 18−9=9
[2] 23−15=8
[3] 9×8=72

[練習4] $(11 - 4) \times (1 + 6) =$
[練習5] $(4 + 2) \times (15 - 12) =$
[練習6] $(17 + 7) \times (18 - 9) =$

【3】端数処理は、1計算ごとに行う。（小数第3位未満を切捨てる）

例3 $(13 \div 6) \times (78 \div 5) =$

先に（　）内を計算し、小数第3位未満の端数を切捨てます。次に両方の答を掛け算します。

[1] 13÷6=2.16666… →2.166
[2] 78÷5=15.6
[3] 2.166×15.6=33.789

[練習7] $15 \div 7 + 6 \times 8 =$
[練習8] $(11 \times 4) \div (52 \div 9) =$
[練習9] $(27 \div 8) \times (19 \div 3) =$

❷ 電卓で計算する場合のキー操作

電卓で計算する場合には、次のキー操作により答が求められます。

【1】左右の計算の答を足し算または引き算するときは、独立メモリー内で行う。

例4 $4,809 \times 562 + 492,534 \div 9,121 =$

左右の乗算の答をそれぞれ独立メモリーにプラスで入力することにより、独立メモリー内で足し算されます。独立メモリー内の数値は RM で呼び出します。

[1] 4 8 0 9 × 5 6 2 M+
[2] 4 9 2 5 3 4 ÷ 9 1 2 1 M+
[3] RM （答 2,702,712）

[練習10] $1,673 \times 421 + 1,766,373 \div 4,893 =$
[練習11] $16,349,208 \div 632 + 298 \times 2,751 =$
[練習12] $(9.16 + 30.84) + 5,713 \times 264 =$

例5 $7,546,931 \div 47 - 321 \times 64 =$

左の除算の答を独立メモリーにプラスで入力し、右の乗算の答を独立メモリーにマイナスで入力することにより、独立メモリー内で引き算が行えます。

[1] 7 5 4 6 9 3 1 ÷ 4 7 M+
[2] 3 2 1 × 6 4 M−
[3] RM （答 140,029）

[練習13] $2,337,310 \div 94 - 56 \times 273 =$
[練習14] $357 \times 5,816 - 406.2 \times 805 =$
[練習15] $2,584,545 \div 53 - 2,551,120 \div 715 =$

【2】中央の計算が乗算のときは、左の計算の答を独立メモリーに入力する。

例6 $360 - 197 \times 7,018 - 632 =$

左の引き算の答を独立メモリーに入力し、右の引き算の答を求めて乗算する際に、RM で呼び出し掛け算します。

[1] 3 6 0 − 1 9 7 M+
[2] 7 0 1 8 − 6 3 2 =
[3] × RM = （答 1,040,918）

[練習16] $(410.7 + 628.3) \times (528 + 7,801) =$
[練習17] $(8,142 - 7,631) \times (792 \times 40.5) =$
[練習18] $(312.5 + 69.5) \times (59,014 - 2,096) =$

【3】中央の計算が除算のときは、左の計算の答を独立メモリーに入力し、逆数計算を行う。

例7 $(297 \times 567) \div (21,141 \div 783) =$

左の乗算の答を独立メモリーに入力し、右の除算の答を求めた後に逆数計算（÷ =）を行います。（逆数計算とは電卓で行う分数計算のことです。）

[1] 2 9 7 × 5 6 7 M+
[2] 2 1 1 4 1 ÷ 7 8 3 =
[3] ÷ = RM = （答 6,237）

[練習19] $(331,978 + 81,032) \div (61.3 + 28.7) =$
[練習20] $(318,966 + 61,908) \div (601 - 87) =$
[練習21] $(390,278,451 \div 63) \div (109 \times 31) =$

【4】端数処理は、M+ M− = のいずれかを押した場合に実行される。（1計算ごとに小数第3位未満切捨て）

例8 $4,809 \times 56.2 + 79,253.4 \div 9,121 =$

下記の手順では、独立メモリー内で左右の計算の答を足し算するために、[1] [2] とも M+ を押しているので、端数処理が実行されています。（1級は小数第3位未満切捨てですので、計算前に、タブスイッチを"3"、ラウンドスイッチを"切捨て"にセットすることを忘れないようにしましょう。）

[1] 4 8 0 9 × 5 6 . 2 M+
[2] 7 9 2 5 3 . 4 ÷ 9 1 2 1 M+
[3] RM （答 270,274.489）

[練習22] $193.2 \times 604 + 2,824,873 \div 4,185 =$
[練習23] $2,043 \times 71.5 + 244,675.2 \div 5,296 =$
[練習24] $1,704,746 \div 53 - 1,810 \div 2.97 =$

例9 $(35,081.4 \div 7.9) \times (371,604 \div 591.3) =$

下記の [1] では独立メモリーに入力するために M+ を押しているので端数処理が実行され、[2] では計算の末尾で = を押しているので端数処理が実行されます。

[1] 3 5 0 8 1 . 4 ÷ 7 . 9 M+
[2] 3 7 1 6 0 4 ÷ 5 9 1 . 3 =
[3] × RM = （答 2,790,756.112）

[練習25] $(167.5 - 89.3) \times (39.2 - 28.6) =$
[練習26] $(48,333.6 + 5,927.1) \div (482.9 - 153) =$
[練習27] $(3,907 \times 42.6) \div (16.3 \times 49) =$

※［練習］の解答は、12ページに掲載してあります。

カシオ製電卓の解説

乗算・除算

❶ 乗算・除算の概略

(1) 解答欄

乗算・除算は上段と下段に分かれており、それぞれ33箇所ずつ、合計66箇所の解答欄があります。検定試験では、66箇所の解答欄のうち、上下段10箇所ずつ、計20箇所だけが採点の対象となります。右ページの計算例において、●が採点箇所です。なお、採点箇所は発表されません。

(2) 名数と無名数

上段は無名数、下段は名数の問題です。無名数とは単位のない数、名数とは単位(電卓検定では"¥")のある数のことです。

(3) 小計と合計

小計：問1～問5を累算して小計①を求めます。=キーで求めた計算結果が自動的にGTメモリーに累算されますので、問5を求めた後GTキーで呼び出します。小計②についても同様です。

合計：小計と小計を足して合計を求めます。合計は独立メモリーを使用して求めます。GTメモリーで小計を求めたら、すぐさまM+を押し、独立メモリーに入力します。独立メモリー内の数値(すなわち合計の値)はMRにより表示できます。

(4) パーセント(構成比率)

パーセントは左右2列あります。左列の上部が小計①に対するパーセント、下部が小計②に対するパーセント、右列が合計に対するパーセントです。

パーセントは、「乗算の答÷小計(もしくは合計)×100」で求められます。「÷小計(もしくは合計)×100」の計算は5ないし10回連続しての計算となりますので、「定数計算機能」を活用すると、キー操作が省略できます。右ページのキー操作にて確認してください。

(5) 端数処理

端数処理はすべて「四捨五入」です。乗算で小数第5位未満、パーセントで小数第2位未満に端数のあるときは四捨五入します。ラウンドスイッチの設定を「四捨五入」にあわせておくと、=キーなどを押したときに端数処理が実行されます。計算の途中でタブスイッチ(小数部桁数指定スイッチ)の切替えを忘れないように注意しましょう。

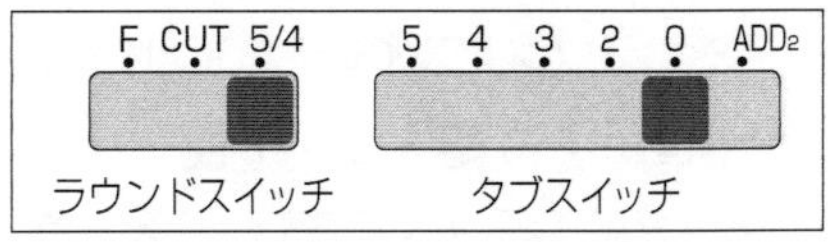

❷ 計算順序

右ページをご覧ください。乗算・除算とも計算の順序は同じですので、ここでは乗算の上段を例に説明します。計算の順序は、(ア)～(ム)の通りです。なお、計算例は実際の1級問題より桁数が少ないことをご承知おきください。

❸ 計算上の注意

(1) 小計を求めたら、すぐにその値を独立メモリーに入力しましょう。

(2) タブスイッチの切替えのタイミングを確認しておきましょう。

(3) パーセント計算は定数計算機能を活用しましょう。

(4) パーセント計算の際に読み取りやすいように、解答をきれいに記入しましょう。

計算例とキー操作

No.										
1	2, 683	×	714	=	(ア)	1, 915, 662	(キ) ●	12. 50 %	(ネ)	12. 50 %
2	5, 046	×	859	=	(イ) ●	4, 334, 514	(ク)	28. 28 %	(ノ)	28. 28 %
3	1, 350	×	962	=	(ウ)	1, 298, 700	(ケ)	8. 47 %	(ハ) ●	8. 47 %
4	729	×	6, 085	=	(エ)	4, 435, 965	(コ)	28. 94 %	(ヒ) ●	28. 94 %
5	8, 237	×	406	=	(オ) ●	3, 344, 222	(サ)	21. 82 %	(フ)	21. 82 %
No. 1～No. 5 小計 ①					(カ)	15, 329, 063		100 %		
6	0. 0915	×	74. 3	=	(シ)	6. 79845	(ツ) ●	19. 17 %	(ヘ)	0. 00 %
7	6. 702	×	1. 98	=	(ス) ●	13. 26996	(テ)	37. 41 %	(ホ)	0. 00 %
8	1. 564	×	0. 237	=	(セ)	0. 37067	(ト)	1. 05 %	(マ)	0. 00 %
9	0. 3498	×	0. 051	=	(ソ) ●	0. 01784	(ナ)	0. 05 %	(ミ)	0. 00 %
10	4. 971	×	3. 02	=	(タ)	15. 01242	(ニ) ●	42. 33 %	(ム)	0. 00 %
No. 6～No. 10 小計 ②					(チ)	35. 46934		100 %		
(小計 ①＋②) 合計					(ヌ) ●	15, 329, 098. 4693				100 %

	キー操作	表示	
1.			
2.	AC MC	0.	
3.	2 6 8 3 × 7 1 4 =	1,915,662. GT	(ア)
4.	5 0 4 6 × 8 5 9 =	4,334,514. GT	(イ)
5.	1 3 5 0 × 9 6 2 =	1,298,700. GT	(ウ)
6.	7 2 9 × 6 0 8 5 =	4,435,965. GT	(エ)
7.	8 2 3 7 × 4 0 6 =	3,344,222. GT	(オ)
8.	GT	15,329,063. GT	(カ)
9.	M+	M 15,329,063. GT	
10.	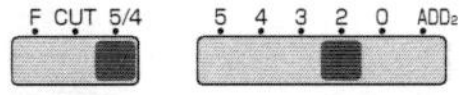		
11.	÷ ÷	M K 15,329,063. GT	
12.	1 9 1 5 6 6 2 %	M K 12.50 GT	(キ)
13.	4 3 3 4 5 1 4 %	M K 28.28 GT	(ク)
14.	1 2 9 8 7 00 %	M K 8.47 GT	(ケ)
15.	4 4 3 5 9 6 5 %	M K 28.94 GT	(コ)
16.	3 3 4 4 2 2 2 %	M K 21.82 GT	(サ)
17.			
18.	AC	M 0.	
19.	・ 0 9 1 5 × 7 4 ・ 3 =	M 6.79845 GT	(シ)
20.	6 ・ 7 0 2 × 1 ・ 9 8 =	M 13.26996 GT	(ス)
21.	1 ・ 5 6 4 × ・ 2 3 7 =	M 0.37067 GT	(セ)
22.	・ 3 4 9 8 × ・ 0 5 1 =	M 0.01784 GT	(ソ)
23.	4 ・ 9 7 1 × 3 ・ 0 2 =	M 15.01242 GT	(タ)
24.	GT	M 35.46934 GT	(チ)
25.	M+	M 35.46934 GT	
26.	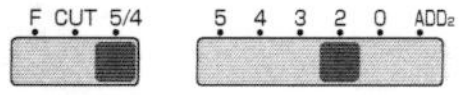		
27.	÷ ÷	M K 35.46934 GT	
28.	6 ・ 7 9 8 4 5 %	M K 19.17 GT	(ツ)
29.	1 3 ・ 2 6 9 9 6 %	M K 37.41 GT	(テ)
30.	・ 3 7 0 6 7 %	M K 1.05 GT	(ト)
31.	・ 0 1 7 8 4 %	M K 0.05 GT	(ナ)
32.	1 5 ・ 0 1 2 4 2 %	M K 42.33 GT	(ニ)
33.	MR	M K 15,329,098.4693 GT	(ヌ)
34.	÷ ÷	M K 15,329,098.4693 GT	
35.	1 9 1 5 6 6 2 %	M K 12.50 GT	(ネ)
36.	4 3 3 4 5 1 4 %	M K 28.28 GT	(ノ)
37.	1 2 9 8 7 00 %	M K 8.47 GT	(ハ)
38.	4 4 3 5 9 6 5 %	M K 28.94 GT	(ヒ)
39.	3 3 4 4 2 2 2 %	M K 21.82 GT	(フ)
40.	6 ・ 7 9 8 4 5 %	M K 0.00 GT	(ヘ)
41.	1 3 ・ 2 6 9 9 6 %	M K 0.00 GT	(ホ)
42.	・ 3 7 0 6 7 %	M K 0.00 GT	(マ)
43.	・ 0 1 7 8 4 %	M K 0.00 GT	(ミ)
44.	1 5 ・ 0 1 2 4 2 %	M K 0.00 GT	(ム)

複合算

❶ 複合算の概略

複合算は、加減乗除（＋－×÷）の計算を、計算の規則に従い、電卓の機能を活用しながら順序立てて進めて行くことが求められます。計算規則とは次の通りです。

【1】乗算（×）、除算（÷）を優先する。

例1 $2 \times 3 + 56 \div 7 =$

先に乗算・除算を計算し、次に両方の値を足し算します。

[1] 2×3=6
[2] 56÷7=8
[3] 6+8=14

[練習1] $4 \times 8 + 9 \div 3 =$
[練習2] $12 \div 2 + 5 \times 7 =$
[練習3] $12 \times 3 - 24 \div 6 =$

【2】（　）内の計算を優先する。

例2 $(18 - 9) \times (23 - 15) =$

先に（　）内を計算し、次に両方の答を掛け算します。

[1] 18−9=9
[2] 23−15=8
[3] 9×8=72

[練習4] $(11 - 4) \times (1 + 6) =$
[練習5] $(4 + 2) \times (15 - 12) =$
[練習6] $(17 + 7) \times (18 - 9) =$

【3】端数処理は、1計算ごとに行う。（小数第3位未満を切捨てる）

例3 $(13 \div 6) \times (78 \div 5) =$

先に（　）内を計算し、小数第3位未満の端数を切捨てます。次に両方の答を掛け算します。

[1] 13÷6=2.16666… →2.166
[2] 78÷5=15.6
[3] 2.166×15.6=33.789

[練習7] $15 \div 7 + 6 \times 8 =$
[練習8] $(11 \times 4) \div (52 \div 9) =$
[練習9] $(27 \div 8) \times (19 \div 3) =$

❷ 電卓で計算する場合のキー操作

電卓で計算する場合には、次のキー操作により答が求められます。

【1】左右の計算の答を足し算または引き算するときは、独立メモリー内で行う。

例4 $4,809 \times 562 + 492,534 \div 9,121 =$

左右の乗算の答をそれぞれ独立メモリーにプラスで入力することにより、独立メモリー内で足し算されます。独立メモリー内の数値は MR で呼び出します。

[1] 4 8 0 9 × 5 6 2 M+
[2] 4 9 2 5 3 4 ÷ 9 1 2 1 M+
[3] MR（答 2,702,712）

[練習10] $1,673 \times 421 + 1,766,373 \div 4,893 =$
[練習11] $16,349,208 \div 632 + 298 \times 2,751 =$
[練習12] $(9.16 + 30.84) + 5,713 \times 264 =$

例5 $7,546,931 \div 47 - 321 \times 64 =$

左の除算の答を独立メモリーにプラスで入力し、右の乗算の答を独立メモリーにマイナスで入力することにより、独立メモリー内で引き算が行えます。

[1] 7 5 4 6 9 3 1 ÷ 4 7 M+
[2] 3 2 1 × 6 4 M−
[3] MR（答 140,029）

[練習13] $2,337,310 \div 94 - 56 \times 273 =$
[練習14] $357 \times 5,816 - 406.2 \times 805 =$
[練習15] $2,584,545 \div 53 - 2,551,120 \div 715 =$

【2】中央の計算が乗算のときは、左の計算の答を独立メモリーに入力する。

例6 $360 - 197 \times 7,018 - 632 =$

左の引き算の答を独立メモリーに入力し、右の引き算の答を求めて乗算する際に、MR で呼び出し掛け算します。

[1] 3 6 0 − 1 9 7 M+
[2] 7 0 1 8 − 6 3 2 =
[3] × MR =（答 1,040,918）

[練習16] $(410.7 + 628.3) \times (528 + 7,801) =$
[練習17] $(8,142 - 7,631) \times (792 \times 40.5) =$
[練習18] $(312.5 + 69.5) \times (59,014 - 2,096) =$

【3】中央の計算が除算のときは、左の計算の答を独立メモリーに入力し、定数計算を行う。

例7 $(297 \times 567) \div (21,141 \div 783) =$

左の乗算の答を独立メモリーに入力し、右の除算の答を求めた後に定数計算（÷÷）を行います。

[1] 2 9 7 × 5 6 7 M+
[2] 2 1 1 4 1 ÷ 7 8 3 =
[3] ÷ ÷ MR =（答 6,237）

[練習19] $(331,978 + 81,032) \div (61.3 + 28.7) =$
[練習20] $(318,966 + 61,908) \div (601 - 87) =$
[練習21] $(390,278,451 \div 63) \div (109 \times 31) =$

【4】端数処理は、M+ M− = のいずれかを押した場合に実行される。（1計算ごとに小数第3位未満切捨て）

例8 $4,809 \times 56.2 + 79,253.4 \div 9,121 =$

下記の手順では、独立メモリー内で左右の計算の答を足し算するために、[1] [2] とも M+ を押しているので、端数処理が実行されています。（1級は小数第3位未満切捨てですので、計算前に、タブスイッチを"3"、ラウンドスイッチを"CUT"にセットすることを忘れないようにしましょう。）

[1] 4 8 0 9 × 5 6 . 2 M+
[2] 7 9 2 5 3 . 4 ÷ 9 1 2 1 M+
[3] MR（答 270,274.489）

[練習22] $193.2 \times 604 + 2,824,873 \div 4,185 =$
[練習23] $2,043 \times 71.5 + 244,675.2 \div 5,296 =$
[練習24] $1,704,746 \div 53 - 1,810 \div 2.97 =$

例9 $(35,081.4 \div 7.9) \times (371,604 \div 591.3) =$

下記の [1] では独立メモリーに入力するために M+ を押しているので端数処理が実行され、[2] では計算の末尾で = を押しているので端数処理が実行されます。

[1] 3 5 0 8 1 . 4 ÷ 7 . 9 M+
[2] 3 7 1 6 0 4 ÷ 5 9 1 . 3 =
[3] × MR =（答 2,790,756.112）

[練習25] $(167.5 - 89.3) \times (39.2 - 28.6) =$
[練習26] $(48,333.6 + 5,927.1) \div (482.9 - 153) =$
[練習27] $(3,907 \times 42.6) \div (16.3 \times 49) =$

※[練習] の解答は、12ページに掲載してあります。

伝票算

❶ 伝票算の概略

伝票算は、15ページに渡って紙片に印字されている数字を、ページをめくりながら足し算していく科目です。第1問は(1)の数字だけ、第2問は(2)の数字だけ…第5問は(5)の数字だけを15ページ分足し算します。

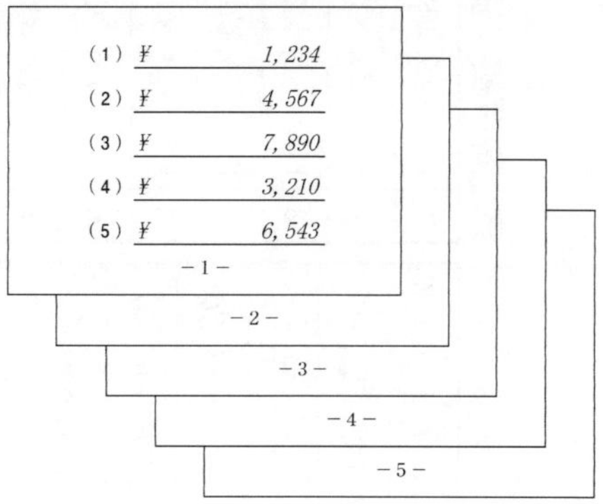

❷ 検定試験で使用する伝票算

検定試験で使用する伝票算は、第1問から第5問が1ページから15ページ、第6問から第10問が16ページから30ページです。そして15ページと16ページの間に間紙(あいし)が入っています。

❸ 本書に添付の伝票算

- 本書に添付の伝票算は両面に問題を印刷していますので、左手でも右手でもめくることができます。
- 下表のように、ページをずらして使用することにより、1冊で15回分の練習ができるようになっています。そのため、(6)～(10)に相当するページにも、(1)～(5)という番号が印字してありますので、ご使用の際には注意してください。

回数	第1回	第2回	第3回	第4回	第5回	第6回	第7回	第8回		第12回	第13回	第14回	第15回
(1)～(5)	1ページ～15ページ	2ページ～16ページ	3ページ～17ページ	4ページ～18ページ	5ページ～19ページ	6ページ～20ページ	7ページ～21ページ	8ページ～22ページ		12ページ～26ページ	13ページ～27ページ	14ページ～28ページ	15ページ～29ページ
(6)～(10)	16ページ～30ページ	17ページ～31ページ	18ページ～32ページ	19ページ～33ページ	20ページ～34ページ	21ページ～35ページ	22ページ～36ページ	23ページ～37ページ		27ページ～41ページ	28ページ～42ページ	29ページ～43ページ	30ページ～44ページ

(回数ごとのページ分けについては、伝票算の前書き3ページ目の「ページ分け一覧表」をご参照ください。)

❹ 伝票ホルダー(別売)

伝票算を固定する器具「伝票ホルダー」は、ゴム製のマットにクリップがついており、伝票を机上にしっかりと固定することができます。また、表紙や計算済みのページをストッパーに固定しておけますので、非常にめくりやすく計算しやすくなります。

複合算[練習]の解答

[練習1] *35*　[練習6] *216*　[練習11] *845, 667*　[練習16] *8, 653, 831*　[練習21] *1, 833. 351*　[練習26] *164. 476*
[練習2] *41*　[練習7] *50. 142*　[練習12] *1, 508, 272*　[練習17] *16, 390, 836*　[練習22] *117, 367. 799*　[練習27] *208. 386*
[練習3] *32*　[練習8] *7. 616*　[練習13] *9, 577*　[練習18] *21, 742, 676*　[練習23] *146, 120. 7*
[練習4] *49*　[練習9] *21. 373*　[練習14] *1, 749, 321*　[練習19] *4, 589*　[練習24] *31, 555. 591*
[練習5] *18*　[練習10] *704, 694*　[練習15] *45, 197*　[練習20] *741*　[練習25] *828. 92*

電卓計算 1級 解答 直前模試

第１回

■１種目100点を満点とし、各種目とも得点70点以上を合格とする。
■乗算・除算は解答表の●印のついた箇所（１箇所５点、各20箇所）だけを採点する。ただし、１級満点表彰の対象となる答案は、採点箇所以外の解答欄もすべて記入されていなければならない。

乗算解答（●印１箇所５点×20箇所）

1	●82, 967, 933, 178	47. 72％	47. 72％
2	23, 163, 856, 310	13. 32％	●13. 32％
3	●38, 567, 437, 962	22. 18％	22. 18％
4	18, 500, 555, 400	10. 64％	●10. 64％
5	10, 646, 521, 818	● 6. 12％	6. 12％
小計①＝	173, 846, 304, 668	100 ％	
6	185. 32875	●14. 52％	0. 00％
7	●0. 08704	0. 01％	0. 00％
8	44. 00202	3. 45％	0. 00％
9	11. 59878	● 0. 91％	0. 00％
10	●1, 035. 73297	81. 12％	0. 00％
小計②＝	●1, 276. 74956	100 ％	
合計＝	173, 846, 305, 944		100 ％
11	￥ 17, 394, 601, 768	14. 74％	●14. 74％
12	￥ ●8, 463, 504, 780	7. 17％	7. 17％
13	￥ 8, 070, 364, 848	6. 84％	● 6. 84％
14	￥ 39, 895, 322, 968	●33. 81％	33. 80％
15	￥ 44, 177, 463, 330	37. 44％	37. 43％
小計③＝￥	●118, 001, 257, 694	100 ％	
16	￥ 23, 383, 510	69. 75％	● 0. 02％
17	￥ ●656, 096	1. 96％	0. 00％
18	￥ 8, 919, 832	●26. 61％	0. 01％
19	￥ ●31, 862	0. 10％	0. 00％
20	￥ 532, 845	1. 59％	0. 00％
小計④＝￥	33, 524, 145	100 ％	
合計＝￥	●118, 034, 781, 839		100 ％

※検定試験時の採点箇所は、●印のついた20箇所です。
※タブスイッチのない電卓で計算した場合、上記のとおりにならないことがあります。

除算解答（●印１箇所５点×20箇所）

1	23, 704	●12. 32％	12. 32％
2	79, 128	41. 13％	●41. 11％
3	●47, 389	24. 63％	24. 62％
4	36, 290	18. 86％	18. 85％
5	5, 861	3. 05％	● 3. 05％
小計①＝	●192, 372	100 ％	
6	●0. 60543	0. 60％	0. 00％
7	0. 18456	● 0. 18％	0. 00％
8	●91. 072	90. 68％	0. 05％
9	8. 54937	● 8. 51％	0. 00％
10	0. 02615	0. 03％	0. 00％
小計②＝	●100. 43751	100 ％	
合計＝	192, 472. 43751		100 ％
11	￥ 27, 439	5. 80％	3. 56％
12	￥ ●308, 546	65. 27％	40. 07％
13	￥ 19, 680	● 4. 16％	2. 56％
14	￥ 76, 123	16. 10％	● 9. 89％
15	￥ ●40, 952	8. 66％	5. 32％
小計③＝￥	●472, 740	100 ％	
16	￥ 95, 067	31. 98％	●12. 35％
17	￥ 1, 798	0. 60％	0. 23％
18	￥ 62, 814	21. 13％	● 8. 16％
19	￥ ●84, 375	28. 38％	10. 96％
20	￥ 53, 201	●17. 90％	6. 91％
小計④＝￥	●297, 255	100 ％	
合計＝￥	769, 995		100 ％

複合算解答（１題５点×20題）

1	1, 346. 776
2	172, 836, 115, 728
3	7, 092. 881
4	114, 300, 000, 000
5	262, 088, 309, 202
6	586, 548, 853, 035
7	3, 801. 398
8	501, 473
9	357, 961, 746, 342
10	205, 993, 698, 372
11	862, 282, 993, 974
12	992, 300
13	89. 632
14	474, 646, 016, 130
15	−746, 831
16	98. 425
17	659. 072
18	229, 400, 904, 905
19	476, 758, 967, 707
20	−402, 586, 620, 040

見取算解答（１題10点×10題）

1	￥ 23, 656, 720, 689
2	￥ 17, 930, 405, 394
3	￥ 10, 223, 937, 783
4	￥ 24, 403, 510, 359
5	￥ −3, 561, 948, 844
6	￥ 20, 164, 131, 522
7	￥ 17, 795, 896, 785
8	￥ 14, 195, 657, 182
9	￥ 22, 871, 008, 863
10	￥ 7, 474, 282, 738

伝票算解答（１題10点×10題）

1	￥ 2, 418, 149, 772
2	￥ 2, 371, 410, 594
3	￥ 2, 374, 501, 320
4	￥ 2, 045, 380, 887
5	￥ 2, 241, 525, 393
6	￥ 2, 299, 489, 209
7	￥ 2, 373, 513, 759
8	￥ 2, 353, 824, 531
9	￥ 3, 198, 151, 395
10	￥ 2, 186, 460, 900

第２回

■１種目100点を満点とし、各種目とも得点70点以上を合格とする。
■乗算・除算は解答表の●印のついた箇所（１箇所５点、各20箇所）だけを採点する。ただし、１級満点表彰の対象となる答案は、採点箇所以外の解答欄もすべて記入されていなければならない。

乗算解答（●印１箇所５点×20箇所）

1	5, 462, 981, 280	● 3. 77％	3. 77％
2	40, 975, 443, 470	28. 28％	●28. 28％
3	29, 217, 740, 888	20. 16％	●20. 16％
4	33, 073, 790, 287	22. 83％	22. 83％
5	●36, 165, 201, 770	24. 96％	24. 96％
小計①＝	●144, 895, 157, 695	100 ％	
6	●1, 005. 20512	11. 75％	0. 00％
7	0. 64893	0. 01％	0. 00％
8	5. 61365	● 0. 07％	0. 00％
9	●7, 426. 67478	86. 80％	0. 00％
10	117. 70339	● 1. 38％	0. 00％
小計②＝	●8, 555. 84587	100 ％	
合計＝	144, 895, 166, 250		100 ％
11	￥ 80, 314, 601, 010	45. 38％	●45. 36％
12	￥ ●52, 539, 485, 166	29. 69％	29. 68％
13	￥ 9, 207, 863, 808	● 5. 20％	5. 20％
14	￥ 28, 843, 128, 740	16. 30％	●16. 29％
15	￥ 6, 079, 356, 646	3. 43％	● 3. 43％
小計③＝￥	176, 984, 435, 370	100 ％	
16	￥ ●45, 033	0. 08％	0. 00％
17	￥ 13, 575, 497	●23. 52％	0. 01％
18	￥ ●43, 400, 102	75. 20％	0. 02％
19	￥ 81, 053	0. 14％	0. 00％
20	￥ ●613, 602	1. 06％	0. 00％
小計④＝￥	●57, 715, 287	100 ％	
合計＝￥	177, 042, 150, 657		100 ％

※検定試験時の採点箇所は、●印のついた20箇所です。
※タブスイッチのない電卓で計算した場合、上記のとおりにならないことがあります。

除算解答（●印１箇所５点×20箇所）

1	68, 745	38. 00％	●38. 00％
2	39, 206	21. 67％	●21. 67％
3	●23, 910	13. 22％	13. 22％
4	7, 158	3. 96％	3. 96％
5	41, 867	●23. 15％	23. 14％
小計①＝	●180, 886	100 ％	
6	0. 80534	7. 13％	0. 00％
7	●0. 52673	4. 67％	0. 00％
8	9. 76481	●86. 48％	0. 01％
9	0. 04392	● 0. 39％	0. 00％
10	●0. 15029	1. 33％	0. 00％
小計②＝	●11. 29109	100 ％	
合計＝	180, 897. 29109		100 ％
11	￥ ●283, 694	59. 44％	41. 12％
12	￥ 72, 408	●15. 17％	10. 50％
13	￥ 19, 036	3. 99％	● 2. 76％
14	￥ 54, 870	11. 50％	7. 95％
15	￥ 47, 253	9. 90％	● 6. 85％
小計③＝￥	●477, 261	100 ％	
16	￥ 31, 469	●14. 80％	4. 56％
17	￥ ●16, 957	7. 97％	2. 46％
18	￥ 8, 125	3. 82％	1. 18％
19	￥ ●95, 301	44. 82％	13. 81％
20	￥ 60, 782	28. 59％	● 8. 81％
小計④＝￥	212, 634	100 ％	
合計＝￥	●689, 895		100 ％

複合算解答（１題５点×20題）

1	402, 041, 150, 190
2	232, 407, 552, 003
3	71. 602
4	94. 208
5	256, 628, 446, 704
6	370, 217, 860, 020
7	8, 264. 877
8	572, 840, 506, 751
9	675, 953, 291, 978
10	456, 067, 491, 648
11	578. 432
12	−213, 639, 078, 108
13	479, 893, 539, 935
14	394, 200, 000, 000
15	180, 491, 388, 601
16	767. 367
17	−864, 193
18	634, 152
19	9, 304. 001
20	1, 637, 999

見取算解答（１題10点×10題）

1	￥ 19, 381, 576, 896
2	￥ 20, 820, 767, 211
3	￥ 2, 376, 270, 319
4	￥ 19, 607, 967, 279
5	￥ −4, 347, 198, 243
6	￥ 17, 391, 693, 654
7	￥ 12, 328, 976, 502
8	￥ 9, 870, 298, 788
9	￥ 24, 304, 295, 637
10	￥ 6, 075, 403, 396

伝票算解答（１題10点×10題）

1	￥ 2, 418, 130, 476
2	￥ 2, 364, 880, 725
3	￥ 2, 367, 464, 706
4	￥ 2, 230, 382, 538
5	￥ 2, 219, 210, 496
6	￥ 2, 299, 486, 410
7	￥ 2, 379, 693, 915
8	￥ 2, 401, 834, 806
9	￥ 2, 894, 748, 579
10	￥ 2, 181, 007, 296

第３回

■１種目100点を満点とし、各種目とも得点70点以上を合格とする。
■乗算・除算は解答表の●印のついた箇所（１箇所5点、各20箇所）だけを採点する。ただし、１級満点表彰の対象となる答案は、採点箇所以外の解答欄もすべて記入されていなければならない。

乗算解答（●印１箇所5点×20箇所）

1	●46, 152, 186, 480	30. 12％	30. 12％
2	49, 035, 617, 468	32. 00％	●32. 00％
3	23, 178, 096, 270	●15. 13％	15. 13％
4	18, 561, 844, 400	12. 11％	●12. 11％
5	16, 311, 056, 517	10. 64％	10. 64％
小計①＝	●153, 238, 801, 135	100 ％	
6	0. 86347	● 0. 02％	0. 00％
7	●3, 891. 88778	77. 57％	0. 00％
8	1, 041. 41814	●20. 76％	0. 00％
9	0. 03108	0. 00％	0. 00％
10	●83. 23516	1. 66％	0. 00％
小計②＝	5, 017. 43563	100 ％	
合計＝	●153, 238, 806, 152		100 ％
11 ¥	60, 818, 245, 410	29. 88％	●29. 88％
12 ¥	71, 996, 591, 784	●35. 37％	35. 37％
13 ¥	61, 865, 057, 121	30. 40％	30. 39％
14 ¥	●3, 565, 452, 600	1. 75％	1. 75％
15 ¥	5, 284, 878, 912	2. 60％	● 2. 60％
小計③＝¥	●203, 530, 225, 827	100 ％	
16 ¥	●39, 094	0. 12％	0. 00％
17 ¥	26, 722, 508	83. 03％	● 0. 01％
18 ¥	162, 941	0. 51％	0. 00％
19 ¥	●51, 605	0. 16％	0. 00％
20 ¥	5, 208, 245	●16. 18％	0. 00％
小計④＝¥	●32, 184, 393	100 ％	
合計＝¥	203, 562, 410, 220		100 ％

除算解答（●印１箇所5点×20箇所）

1	97, 628	36. 56％	36. 55％
2	●3, 401	1. 27％	1. 27％
3	50, 213	18. 80％	●18. 80％
4	45, 970	●17. 21％	17. 21％
5	69, 857	26. 16％	●26. 16％
小計①＝	●267, 069	100 ％	
6	0. 76139	●18. 44％	0. 00％
7	●0. 81546	19. 75％	0. 00％
8	0. 04782	● 1. 16％	0. 00％
9	●2. 38064	57. 65％	0. 00％
10	●0. 12395	3. 00％	0. 00％
小計②＝	4. 12926	100 ％	
合計＝	267, 073. 12926		100 ％
11 ¥	●30, 924	4. 02％	2. 95％
12 ¥	29, 617	3. 85％	2. 82％
13 ¥	●18, 562	2. 42％	1. 77％
14 ¥	83, 741	10. 90％	● 7. 98％
15 ¥	605, 489	●78. 81％	57. 67％
小計③＝¥	●768, 333	100 ％	
16 ¥	7, 208	2. 56％	0. 69％
17 ¥	84, 375	●29. 97％	8. 04％
18 ¥	42, 153	14. 97％	● 4. 01％
19 ¥	●91, 036	32. 33％	8. 67％
20 ¥	56, 790	20. 17％	● 5. 41％
小計④＝¥	281, 562	100 ％	
合計＝¥	●1, 049, 895		100 ％

複合算解答（１題5点×20題）

1	85. 216
2	142, 234, 748, 064
3	−735, 609
4	657, 481
5	172, 176, 653, 414
6	−363, 835, 762, 380
7	487, 492, 620, 832
8	10, 733, 862. 864
9	429, 137, 915, 535
10	98. 016
11	286, 970, 760, 678
12	882, 700, 000, 000
13	558. 628
14	363, 207, 938, 985
15	619, 904
16	949. 137
17	7, 441. 097
18	225, 736, 948, 601
19	562, 864, 771, 454
20	396, 892, 402, 959

見取算解答（１題10点×10題）

1	¥	18, 890, 374, 562
2	¥	20, 329, 467, 210
3	¥	12, 241, 591, 552
4	¥	21, 694, 404, 519
5	¥	−3, 186, 614, 172
6	¥	20, 934, 375, 408
7	¥	22, 739, 631, 561
8	¥	9, 420, 564, 057
9	¥	17, 185, 724, 884
10	¥	5, 419, 893, 728

伝票算解答（１題10点×10題）

1	¥	2, 447, 120, 862
2	¥	2, 365, 090, 110
3	¥	2, 473, 015, 680
4	¥	2, 270, 734, 281
5	¥	2, 222, 049, 852
6	¥	2, 317, 520, 061
7	¥	2, 379, 800, 808
8	¥	2, 185, 721, 874
9	¥	2, 923, 961, 661
10	¥	2, 181, 887, 604

※検定試験時の採点箇所は、●印のついた20箇所です。
※タブスイッチのない電卓で計算した場合、上記のとおりにならないことがあります。

第４回

■１種目100点を満点とし、各種目とも得点70点以上を合格とする。
■乗算・除算は解答表の●印のついた箇所（１箇所5点、各20箇所）だけを採点する。ただし、１級満点表彰の対象となる答案は、採点箇所以外の解答欄もすべて記入されていなければならない。

乗算解答（●印１箇所5点×20箇所）

1	19, 098, 171, 288	14. 40％	●14. 40％
2	7, 769, 019, 720	● 5. 86％	5. 86％
3	●14, 459, 514, 690	10. 90％	10. 90％
4	49, 422, 310, 588	37. 27％	●37. 27％
5	41, 872, 933, 799	31. 57％	31. 57％
小計①＝	●132, 621, 950, 085	100 ％	
6	712. 15594	●53. 86％	0. 00％
7	●0. 3663	0. 03％	0. 00％
8	12. 22185	● 0. 92％	0. 00％
9	0. 57121	0. 04％	0. 00％
10	●596. 98981	45. 15％	0. 00％
小計②＝	●1, 322. 30511	100 ％	
合計＝	132, 621, 951, 407		100 ％
11 ¥	●28, 077, 793, 650	31. 13％	31. 11％
12 ¥	7, 192, 275, 666	7. 97％	● 7. 97％
13 ¥	13, 600, 465, 920	●15. 08％	15. 07％
14 ¥	32, 119, 611, 473	35. 61％	35. 58％
15 ¥	9, 216, 419, 679	10. 22％	●10. 21％
小計③＝¥	●90, 206, 566, 388	100 ％	
16 ¥	610, 131	● 1. 02％	0. 00％
17 ¥	●7, 080, 826	11. 87％	0. 01％
18 ¥	51, 465, 423	86. 30％	● 0. 06％
19 ¥	40, 634	0. 07％	0. 00％
20 ¥	●440, 277	0. 74％	0. 00％
小計④＝¥	59, 637, 291	100 ％	
合計＝¥	●90, 266, 203, 679		100 ％

除算解答（●印１箇所5点×20箇所）

1	●42, 960	21. 35％	21. 35％
2	21, 879	●10. 88％	10. 88％
3	70, 358	34. 97％	34. 97％
4	9, 546	4. 75％	● 4. 75％
5	56, 431	28. 05％	●28. 05％
小計①＝	●201, 174	100 ％	
6	0. 64913	●11. 82％	0. 00％
7	●0. 83097	15. 14％	0. 00％
8	0. 15204	● 2. 77％	0. 00％
9	●3. 78125	68. 87％	0. 00％
10	●0. 07682	1. 40％	0. 00％
小計②＝	5. 49021	100 ％	
合計＝	201, 179. 49021		100 ％
11 ¥	851, 027	81. 47％	67. 45％
12 ¥	17, 690	1. 69％	● 1. 40％
13 ¥	●36, 924	3. 53％	2. 93％
14 ¥	40, 568	● 3. 88％	3. 22％
15 ¥	●98, 435	9. 42％	7. 80％
小計③＝¥	●1, 044, 644	100 ％	
16 ¥	61, 952	28. 53％	● 4. 91％
17 ¥	●50, 173	23. 11％	3. 98％
18 ¥	●3, 806	1. 75％	0. 30％
19 ¥	72, 439	33. 36％	● 5. 74％
20 ¥	28, 741	●13. 24％	2. 28％
小計④＝¥	217, 111	100 ％	
合計＝¥	1, 261, 755		100 ％

複合算解答（１題5点×20題）

1	597, 064, 379, 875
2	490, 411, 848, 972
3	18, 891. 202
4	795, 620, 162, 275
5	1, 456, 769
6	421, 820, 000, 000
7	521, 133, 858, 757
8	369, 883, 361, 085
9	304, 550, 038, 387
10	858, 027, 446, 954
11	−241, 559, 357, 386
12	65. 472
13	475. 321
14	−908, 352
15	850, 392
16	9, 678. 756
17	72. 896
18	261, 409, 601, 155
19	6, 397. 716
20	326, 793, 549, 136

見取算解答（１題10点×10題）

1	¥	18, 481, 657, 905
2	¥	21, 720, 758, 292
3	¥	3, 234, 142, 230
4	¥	20, 508, 867, 279
5	¥	−4, 438, 097, 471
6	¥	17, 391, 673, 665
7	¥	13, 227, 987, 492
8	¥	9, 970, 211, 112
9	¥	23, 304, 205, 746
10	¥	5, 077, 403, 469

伝票算解答（１題10点×10題）

1	¥	2, 604, 224, 871
2	¥	2, 263, 139, 820
3	¥	2, 550, 703, 284
4	¥	2, 267, 974, 521
5	¥	2, 222, 541, 810
6	¥	1, 895, 351, 094
7	¥	2, 300, 217, 948
8	¥	2, 124, 600, 174
9	¥	2, 922, 997, 401
10	¥	2, 181, 791, 610

※検定試験時の採点箇所は、●印のついた20箇所です。
※タブスイッチのない電卓で計算した場合、上記のとおりにならないことがあります。

第5回

■1種目100点を満点とし、各種目とも得点70点以上を合格とする。
■乗算・除算は解答表の●印のついた箇所（1箇所5点、各20箇所）だけを採点する。ただし、1級満点表彰の対象となる答案は、採点箇所以外の解答欄もすべて記入されていなければならない。

乗算解答（●印1箇所5点×20箇所）

1		19, 565, 218, 153	14. 55 %	● 14. 55 %
2		34, 806, 306, 450	25. 89 %	● 25. 89 %
3		28, 950, 019, 140	21. 54 %	21. 54 %
4		● 7, 461, 921, 708	5. 55 %	5. 55 %
5		43, 640, 929, 644	● 32. 47 %	32. 47 %
小計①=		● 134, 424, 395, 095	100 %	
6		0. 05187	0. 00 %	0. 00 %
7		4. 96035	● 0. 09 %	0. 00 %
8		110. 01018	● 1. 95 %	0. 00 %
9		● 5, 489. 29955	97. 11 %	0. 00 %
10		● 48. 60835	0. 86 %	0. 00 %
小計②=		5, 652. 9303	100 %	
合計=		● 134, 424, 400, 747		100 %
11	¥	14, 973, 561, 720	● 13. 62 %	13. 61 %
12	¥	4, 160, 721, 810	3. 78 %	● 3. 78 %
13	¥	● 17, 694, 472, 168	16. 09 %	16. 08 %
14	¥	65, 613, 304, 836	59. 68 %	● 59. 64 %
15	¥	● 7, 507, 333, 930	6. 83 %	6. 82 %
小計③=¥		109, 949, 394, 464	100 %	
16	¥	58, 305, 785	90. 12 %	● 0. 05 %
17	¥	● 13, 037	0. 02 %	0. 00 %
18	¥	318, 939	● 0. 49 %	0. 00 %
19	¥	65, 778	0. 10 %	0. 00 %
20	¥	● 5, 996, 054	9. 27 %	0. 01 %
小計④=¥		64, 699, 593	100 %	
合計=¥		● 110, 014, 094, 057		100 %

除算解答（●印1箇所5点×20箇所）

1		8, 673	4. 34 %	● 4. 34 %
2		37, 149	18. 60 %	18. 60 %
3		16, 452	● 8. 24 %	8. 24 %
4		● 95, 360	47. 75 %	47. 74 %
5		42, 087	21. 07 %	● 21. 07 %
小計①=		● 199, 721	100 %	
6		● 5. 80934	77. 34 %	0. 00 %
7		0. 03125	● 0. 42 %	0. 00 %
8		● 0. 79501	10. 58 %	0. 00 %
9		0. 24896	● 3. 31 %	0. 00 %
10		● 0. 62718	8. 35 %	0. 00 %
小計②=		7. 51174	100 %	
合計=		199, 728. 51174		100 %
11	¥	● 92, 485	10. 11 %	8. 41 %
12	¥	670, 591	73. 34 %	● 61. 00 %
13	¥	26, 840	2. 94 %	2. 44 %
14	¥	● 43, 068	4. 71 %	3. 92 %
15	¥	81, 357	● 8. 90 %	7. 40 %
小計③=¥		● 914, 341	100 %	
16	¥	64, 923	● 35. 08 %	5. 91 %
17	¥	59, 072	31. 92 %	● 5. 37 %
18	¥	● 7, 104	3. 84 %	0. 65 %
19	¥	38, 219	20. 65 %	● 3. 48 %
20	¥	15, 736	8. 50 %	1. 43 %
小計④=¥		185, 054	100 %	
合計=¥		● 1, 099, 395		100 %

※検定試験時の採点箇所は、●印のついた20箇所です。
※タブスイッチのない電卓で計算した場合、上記のとおりにならないことがあります。

複合算解答（1題5点×20題）

1	89. 216
2	599, 400, 000, 000
3	206, 100, 715, 043
4	585, 389, 198, 430
5	42, 433. 094
6	754, 748, 593, 740
7	484, 260, 037, 408
8	−973, 281
9	374, 486, 549, 087
10	12, 242. 169
11	−145, 846, 287, 782
12	80. 352
13	1, 074. 927
14	650, 810, 558, 803
15	931, 458
16	682, 781
17	273, 867, 992, 193
18	330, 402, 034, 688
19	107. 856
20	705, 233, 197, 834

見取算解答（1題10点×10題）

1	¥	20, 287, 246, 212
2	¥	18, 149, 457, 348
3	¥	8, 999, 256, 669
4	¥	16, 639, 078, 122
5	¥	−380, 114, 556
6	¥	20, 763, 679, 338
7	¥	24, 533, 145, 837
8	¥	5, 037, 760, 116
9	¥	14, 339, 213, 487
10	¥	6, 271, 419, 075

伝票算解答（1題10点×10題）

1	¥	2, 655, 222, 300
2	¥	2, 263, 146, 750
3	¥	2, 547, 478, 854
4	¥	2, 581, 752, 519
5	¥	2, 016, 778, 401
6	¥	1, 849, 946, 922
7	¥	2, 300, 217, 966
8	¥	2, 127, 147, 048
9	¥	2, 777, 841, 432
10	¥	2, 785, 019, 229

第6回

■1種目100点を満点とし、各種目とも得点70点以上を合格とする。
■乗算・除算は解答表の●印のついた箇所（1箇所5点、各20箇所）だけを採点する。ただし、1級満点表彰の対象となる答案は、採点箇所以外の解答欄もすべて記入されていなければならない。

乗算解答（●印1箇所5点×20箇所）

1		35, 182, 194, 624	31. 83 %	● 31. 83 %
2		● 10, 818, 523, 515	9. 79 %	9. 79 %
3		15, 630, 512, 088	14. 14 %	● 14. 14 %
4		26, 750, 922, 320	● 24. 20 %	24. 20 %
5		22, 166, 461, 280	20. 05 %	● 20. 05 %
小計①=		110, 548, 613, 827	100 %	
6		● 4. 13883	0. 35 %	0. 00 %
7		● 117. 74589	9. 93 %	0. 00 %
8		457. 59987	● 38. 60 %	0. 00 %
9		0. 00877	0. 00 %	0. 00 %
10		● 605. 87225	51. 11 %	0. 00 %
小計②=		1, 185. 36561	100 %	
合計=		● 110, 548, 615, 012		100 %
11	¥	14, 420, 726, 100	8. 02 %	8. 02 %
12	¥	59, 968, 962, 045	33. 37 %	● 33. 36 %
13	¥	18, 608, 555, 073	● 10. 35 %	10. 35 %
14	¥	● 33, 950, 812, 620	18. 89 %	18. 88 %
15	¥	52, 776, 899, 616	29. 37 %	● 29. 36 %
小計③=¥		● 179, 725, 955, 454	100 %	
16	¥	41, 310	0. 08 %	0. 00 %
17	¥	● 52, 289, 168	97. 98 %	0. 03 %
18	¥	66, 700	● 0. 12 %	0. 00 %
19	¥	● 616, 672	1. 16 %	0. 00 %
20	¥	352, 826	● 0. 66 %	0. 00 %
小計④=¥		● 53, 366, 676	100 %	
合計=¥		179, 779, 322, 130		100 %

除算解答（●印1箇所5点×20箇所）

1		1, 536	0. 70 %	0. 70 %
2		29, 381	13. 44 %	● 13. 43 %
3		● 65, 897	30. 13 %	30. 13 %
4		37, 604	17. 20 %	● 17. 19 %
5		84, 270	● 38. 53 %	38. 53 %
小計①=		● 218, 688	100 %	
6		● 0. 50719	4. 65 %	0. 00 %
7		● 0. 42058	3. 85 %	0. 00 %
8		0. 03125	● 0. 29 %	0. 00 %
9		0. 76943	● 7. 05 %	0. 00 %
10		● 9. 18462	84. 16 %	0. 00 %
小計②=		10. 91307	100 %	
合計=		218, 698. 91307		100 %
11	¥	16, 390	● 3. 62 %	2. 26 %
12	¥	● 80, 279	17. 74 %	11. 09 %
13	¥	39, 547	8. 74 %	● 5. 46 %
14	¥	● 45, 128	9. 98 %	6. 23 %
15	¥	271, 065	59. 92 %	37. 44 %
小計③=¥		● 452, 409	100 %	
16	¥	7, 854	2. 89 %	1. 08 %
17	¥	● 49, 632	18. 27 %	6. 85 %
18	¥	62, 401	22. 97 %	● 8. 62 %
19	¥	53, 086	● 19. 54 %	7. 33 %
20	¥	98, 713	36. 33 %	● 13. 63 %
小計④=¥		271, 686	100 %	
合計=¥		● 724, 095		100 %

※検定試験時の採点箇所は、●印のついた20箇所です。
※タブスイッチのない電卓で計算した場合、上記のとおりにならないことがあります。

複合算解答（1題5点×20題）

1	570, 157, 076, 873
2	1, 307, 916
3	9, 963. 231
4	629, 555, 261, 809
5	45, 021, 064. 284
6	795, 160, 000, 000
7	487, 872, 347, 128
8	−89. 312
9	695, 048, 416, 630
10	109, 859, 231, 874
11	−310, 517, 687, 368
12	509, 022, 677, 240
13	292, 850, 976, 866
14	301, 447, 728, 304
15	805, 432
16	97. 568
17	244, 358, 376, 223
18	716, 042
19	658. 169
20	379. 524

見取算解答（1題10点×10題）

1	¥	22, 764, 114, 972
2	¥	14, 857, 468, 830
3	¥	13, 826, 161, 571
4	¥	21, 226, 585, 875
5	¥	−3, 814, 265, 187
6	¥	20, 123, 168, 949
7	¥	22, 859, 918, 973
8	¥	3, 344, 947, 694
9	¥	17, 796, 292, 785
10	¥	7, 818, 837, 863

伝票算解答（1題10点×10題）

1	¥	2, 654, 783, 874
2	¥	2, 203, 067, 979
3	¥	2, 496, 029, 472
4	¥	2, 581, 731, 747
5	¥	2, 014, 822, 377
6	¥	1, 850, 029, 191
7	¥	2, 370, 904, 614
8	¥	2, 163, 736, 908
9	¥	2, 777, 884, 281
10	¥	2, 790, 990, 855

第７回

■1種目100点を満点とし、各種目とも得点70点以上を合格とする。
■乗算・除算は解答表の●印のついた箇所（1箇所5点、各20箇所）だけを採点する。ただし、1級満点表彰の対象となる答案は、採点箇所以外の解答欄もすべて記入されていなければならない。

乗算解答（●印1箇所5点×20箇所）

1	30, 500, 961, 750	21. 54％	● 21. 54％
2	● 57, 685, 453, 416	40. 74％	40. 74％
3	26, 647, 750, 584	● 18. 82％	18. 82％
4	11, 384, 082, 160	8. 04％	● 8. 04％
5	● 15, 374, 502, 124	10. 86％	10. 86％
小計①＝	141, 592, 750, 034	100 ％	
6	● 177. 02228	17. 63％	0. 00％
7	0. 04963	0. 00％	0. 00％
8	● 3. 31823	0. 33％	0. 00％
9	817. 60392	● 81. 42％	0. 00％
10	6. 24053	● 0. 62％	0. 00％
小計②＝	1, 004. 23459	100 ％	
合計＝	● 141, 592, 751, 038		100 ％
11	¥ 8, 745, 356, 359	● 6. 50％	6. 50％
12	¥ ● 65, 614, 854, 029	48. 77％	48. 74％
13	¥ 37, 179, 323, 460	27. 63％	● 27. 62％
14	¥ 14, 771, 736, 220	10. 98％	10. 97％
15	¥ 8, 240, 077, 362	6. 12％	● 6. 12％
小計③＝¥	● 134, 551, 347, 430	100 ％	
16	¥ 54, 792, 177	91. 81％	● 0. 04％
17	¥ 78, 589	● 0. 13％	0. 00％
18	¥ ● 13, 774	0. 02％	0. 00％
19	¥ 35, 774	0. 06％	0. 00％
20	¥ ● 4, 758, 080	7. 97％	0. 00％
小計④＝¥	● 59, 678, 394	100 ％	
合計＝¥	134, 611, 025, 824		100 ％

除算解答（●印1箇所5点×20箇所）

1	15, 960	9. 58％	9. 58％
2	● 29, 756	17. 86％	17. 86％
3	82, 439	49. 48％	● 49. 48％
4	30, 642	● 18. 39％	18. 39％
5	7, 813	4. 69％	● 4. 69％
小計①＝	● 166, 610	100 ％	
6	6. 78125	● 77. 64％	0. 00％
7	● 0. 54071	6. 19％	0. 00％
8	● 0. 91508	10. 48％	0. 00％
9	0. 46397	● 5. 31％	0. 00％
10	● 0. 03284	0. 38％	0. 00％
小計②＝	8. 73385	100 ％	
合計＝	166, 618. 73385		100 ％
11	¥ ● 65, 170	6. 08％	4. 98％
12	¥ 31, 094	2. 90％	2. 38％
13	¥ ● 28, 637	2. 67％	2. 19％
14	¥ 890, 253	83. 08％	● 68. 01％
15	¥ 56, 429	● 5. 27％	4. 31％
小計③＝¥	● 1, 071, 583	100 ％	
16	¥ 2, 041	0. 86％	0. 16％
17	¥ 14, 368	● 6. 05％	1. 10％
18	¥ 79, 582	33. 51％	● 6. 08％
19	¥ ● 93, 716	39. 46％	7. 16％
20	¥ 47, 805	20. 13％	● 3. 65％
小計④＝¥	237, 512	100 ％	
合計＝¥	● 1, 309, 095		100 ％

複合算解答（1題5点×20題）

1	89. 312
2	−985, 017
3	6, 678. 558
4	84. 736
5	423. 591
6	701, 457, 243, 523
7	483, 643, 630, 062
8	574, 189, 448, 951
9	424, 966, 048, 740
10	112, 829, 047, 880
11	533, 927, 777, 172
12	−262, 152, 886, 599
13	3, 667. 515
14	365, 620, 000, 000
15	378, 453, 218, 493
16	166, 417, 213, 110
17	279, 137, 851, 428
18	914, 726
19	6, 475. 401
20	762, 348

見取算解答（1題10点×10題）

1	¥ 9, 585, 781, 776
2	¥ 16, 961, 181, 771
3	¥ 7, 876, 757, 387
4	¥ 24, 220, 172, 052
5	¥ −3, 755, 523, 309
6	¥ 26, 405, 620, 560
7	¥ 17, 387, 211, 015
8	¥ 6, 825, 261, 015
9	¥ 20, 175, 787, 107
10	¥ 10, 389, 737, 547

伝票算解答（1題10点×10題）

1	¥ 2, 698, 085, 340
2	¥ 2, 199, 708, 621
3	¥ 2, 561, 653, 872
4	¥ 2, 570, 592, 555
5	¥ 2, 575, 269, 324
6	¥ 1, 775, 931, 264
7	¥ 2, 372, 594, 661
8	¥ 2, 491, 550, 100
9	¥ 2, 730, 137, 373
10	¥ 2, 471, 784, 903

※検定試験時の採点箇所は、●印のついた20箇所です。
※タブスイッチのない電卓で計算した場合、上記のとおりにならないことがあります。

第８回

■1種目100点を満点とし、各種目とも得点70点以上を合格とする。
■乗算・除算は解答表の●印のついた箇所（1箇所5点、各20箇所）だけを採点する。ただし、1級満点表彰の対象となる答案は、採点箇所以外の解答欄もすべて記入されていなければならない。

乗算解答（●印1箇所5点×20箇所）

1	11, 296, 373, 040	9. 33％	● 9. 33％
2	● 16, 808, 352, 980	13. 88％	13. 88％
3	50, 336, 229, 190	41. 56％	● 41. 56％
4	34, 830, 870, 598	28. 76％	28. 76％
5	7, 835, 295, 211	● 6. 47％	6. 47％
小計①＝	● 121, 107, 121, 019	100 ％	
6	● 0. 57575	0. 00％	0. 00％
7	0. 01008	0. 00％	0. 00％
8	816. 44785	● 0. 85％	0. 00％
9	63, 478. 27925	● 65. 79％	0. 00％
10	● 32, 197. 50145	33. 37％	0. 00％
小計②＝	● 96, 492. 81438	100 ％	
合計＝	121, 107, 217, 511		100 ％
11	¥ ● 50, 761, 507, 662	33. 97％	33. 96％
12	¥ 34, 762, 744, 350	23. 26％	● 23. 26％
13	¥ 38, 174, 569, 576	25. 55％	25. 54％
14	¥ 19, 701, 681, 940	● 13. 18％	13. 18％
15	¥ 6, 028, 621, 872	4. 03％	● 4. 03％
小計③＝¥	● 149, 429, 125, 400	100 ％	
16	¥ 2, 140, 335	4. 45％	0. 00％
17	¥ ● 9, 186, 337	19. 11％	0. 01％
18	¥ 26, 491	● 0. 06％	0. 00％
19	¥ ● 578, 312	1. 20％	0. 00％
20	¥ 36, 146, 942	75. 18％	● 0. 02％
小計④＝¥	● 48, 078, 417	100 ％	
合計＝¥	149, 477, 203, 817		100 ％

除算解答（●印1箇所5点×20箇所）

1	43, 517	26. 28％	26. 28％
2	5, 269	3. 18％	● 3. 18％
3	● 67, 140	40. 55％	40. 54％
4	30, 928	● 18. 68％	18. 68％
5	18, 736	11. 31％	● 11. 31％
小計①＝	● 165, 590	100 ％	
6	● 0. 94602	18. 75％	0. 00％
7	0. 82593	● 16. 37％	0. 00％
8	0. 79051	15. 67％	0. 00％
9	● 2. 46875	48. 93％	0. 00％
10	0. 01384	● 0. 27％	0. 00％
小計②＝	● 5. 04505	100 ％	
合計＝	165, 595. 04505		100 ％
11	¥ ● 65, 480	10. 46％	7. 62％
12	¥ 396, 207	● 63. 27％	46. 10％
13	¥ 29, 164	4. 66％	3. 39％
14	¥ ● 48, 315	7. 72％	5. 62％
15	¥ 87, 032	13. 90％	● 10. 13％
小計③＝¥	● 626, 198	100 ％	
16	¥ 73, 568	● 31. 55％	8. 56％
17	¥ ● 12, 759	5. 47％	1. 48％
18	¥ 4, 971	2. 13％	● 0. 58％
19	¥ 50, 826	21. 80％	5. 91％
20	¥ 91, 043	39. 05％	● 10. 59％
小計④＝¥	● 233, 167	100 ％	
合計＝¥	859, 365		100 ％

複合算解答（1題5点×20題）

1	282, 579, 729, 749
2	25, 811. 095
3	12, 267. 517
4	1, 298, 910
5	772, 561, 571, 427
6	595, 063, 424, 428
7	9. 523
8	747, 040, 000, 000
9	609, 835, 324, 634
10	827, 653
11	426, 303, 667, 307
12	666, 676, 570, 525
13	53. 824
14	272, 589, 928, 865
15	84. 672
16	−935, 047
17	318, 707, 640, 375
18	−411, 761, 893, 960
19	19, 811. 102
20	377, 451, 804, 150

見取算解答（1題10点×10題）

1	¥ 19, 575, 417, 942
2	¥ 21, 065, 216, 967
3	¥ 7, 860, 173, 269
4	¥ 26, 208, 214, 191
5	¥ −2, 215, 417, 169
6	¥ 22, 755, 657, 888
7	¥ 13, 045, 524, 993
8	¥ 8, 982, 629, 832
9	¥ 25, 595, 216, 388
10	¥ 7, 312, 638, 372

伝票算解答（1題10点×10題）

1	¥ 2, 697, 156, 423
2	¥ 2, 228, 126, 922
3	¥ 2, 561, 165, 451
4	¥ 2, 860, 068, 330
5	¥ 2, 637, 508, 518
6	¥ 1, 772, 269, 470
7	¥ 2, 336, 308, 956
8	¥ 2, 492, 402, 247
9	¥ 2, 911, 714, 020
10	¥ 2, 465, 699, 427

※検定試験時の採点箇所は、●印のついた20箇所です。
※タブスイッチのない電卓で計算した場合、上記のとおりにならないことがあります。

第9回

■1種目100点を満点とし、各種目とも得点70点以上を合格とする。
■乗算・除算は解答表の●印のついた箇所（1箇所5点、各20箇所）だけを採点する。ただし、1級満点表彰の対象となる答案は、採点箇所以外の解答欄もすべて記入されていなければならない。

乗算解答（●印1箇所5点×20箇所）

1	39, 070, 216, 347	26. 46 %	● 26. 46 %
2	49, 831, 562, 220	33. 75 %	33. 75 %
3	● 40, 726, 644, 320	27. 59 %	27. 59 %
4	7, 263, 231, 368	● 4. 92 %	4. 92 %
5	10, 746, 982, 939	7. 28 %	● 7. 28 %
小計①=	● 147, 638, 637, 194	100 %	
6	161. 89222	● 68. 04 %	0. 00 %
7	0. 01962	0. 01 %	0. 00 %
8	● 3. 30906	1. 39 %	0. 00 %
9	5. 14995	● 2. 16 %	0. 00 %
10	● 67. 5723	28. 40 %	0. 00 %
小計②=	237. 94315	100 %	
合計=	● 147, 638, 637, 431		100 %
11 ¥	3, 497, 139, 638	2. 20 %	2. 20 %
12 ¥	● 18, 602, 983, 888	11. 71 %	11. 70 %
13 ¥	80, 362, 069, 920	50. 57 %	● 50. 52 %
14 ¥	35, 552, 080, 850	● 22. 37 %	22. 35 %
15 ¥	20, 912, 662, 007	13. 16 %	● 13. 15 %
小計③=¥	● 158, 926, 936, 303	100 %	
16 ¥	● 54, 100	0. 04 %	0. 00 %
17 ¥	63, 973, 551	47. 99 %	● 0. 04 %
18 ¥	● 78, 962	0. 06 %	0. 00 %
19 ¥	69, 088, 611	51. 83 %	0. 04 %
20 ¥	98, 747	● 0. 07 %	0. 00 %
小計④=¥	● 133, 293, 971	100 %	
合計=¥	159, 060, 230, 274		100 %

※検定試験時の採点箇所は、●印のついた20箇所です。
※タブスイッチのない電卓で計算した場合、上記のとおりにならないことがあります。

除算解答（●印1箇所5点×20箇所）

1	● 97, 280	53. 12 %	53. 12 %
2	40, 563	22. 15 %	● 22. 15 %
3	26, 874	● 14. 67 %	14. 67 %
4	13, 095	7. 15 %	● 7. 15 %
5	5, 319	2. 90 %	2. 90 %
小計①=	● 183, 131	100 %	
6	0. 31458	● 3. 16 %	0. 00 %
7	● 0. 69827	7. 02 %	0. 00 %
8	0. 04736	● 0. 48 %	0. 00 %
9	● 0. 72601	7. 30 %	0. 00 %
10	8. 15942	82. 04 %	0. 00 %
小計②=	● 9. 94564	100 %	
合計=	183, 140. 94564		100 %
11 ¥	43, 691	4. 03 %	● 3. 19 %
12 ¥	14, 782	1. 36 %	1. 08 %
13 ¥	82, 546	7. 62 %	● 6. 03 %
14 ¥	● 906, 457	83. 67 %	66. 21 %
15 ¥	35, 870	● 3. 31 %	2. 62 %
小計③=¥	● 1, 083, 346	100 %	
16 ¥	● 2, 364	0. 83 %	0. 17 %
17 ¥	78, 125	27. 35 %	5. 71 %
18 ¥	● 93, 208	32. 63 %	6. 81 %
19 ¥	50, 913	● 17. 82 %	3. 72 %
20 ¥	61, 079	21. 38 %	● 4. 46 %
小計④=¥	285, 689	100 %	
合計=¥	● 1, 369, 035		100 %

複合算解答（1題5点×20題）

1	−86. 304
2	187, 029, 871, 176
3	5, 037, 421. 746
4	92. 064
5	638, 014, 507, 410
6	222, 040, 252, 139
7	559. 794
8	727, 620, 000, 000
9	371, 905, 443, 856
10	854, 923
11	95, 641. 645
12	1, 411, 662
13	641, 539, 691, 777
14	399, 914, 361, 199
15	708, 127
16	248. 827
17	467, 999, 076, 047
18	−290, 328, 216, 857
19	551, 059, 990, 455
20	417, 775, 540, 516

見取算解答（1題10点×10題）

1	¥	21, 614, 748, 111
2	¥	18, 128, 124, 315
3	¥	5, 860, 808, 290
4	¥	18, 676, 256, 382
5	¥	−2, 574, 002, 592
6	¥	14, 690, 566, 044
7	¥	15, 938, 989, 092
8	¥	8, 323, 722, 364
9	¥	22, 378, 065, 579
10	¥	4, 583, 868, 782

伝票算解答（1題10点×10題）

1	¥	2, 697, 079, 311
2	¥	2, 178, 740, 592
3	¥	2, 390, 577, 984
4	¥	2, 857, 843, 890
5	¥	2, 637, 509, 616
6	¥	1, 772, 554, 293
7	¥	2, 690, 633, 916
8	¥	2, 032, 924, 464
9	¥	2, 913, 160, 860
10	¥	2, 465, 699, 229

第10回

■1種目100点を満点とし、各種目とも得点70点以上を合格とする。
■乗算・除算は解答表の●印のついた箇所（1箇所5点、各20箇所）だけを採点する。ただし、1級満点表彰の対象となる答案は、採点箇所以外の解答欄もすべて記入されていなければならない。

乗算解答（●印1箇所5点×20箇所）

1	● 13, 225, 295, 130	11. 00 %	11. 00 %
2	25, 505, 558, 442	21. 21 %	● 21. 21 %
3	22, 387, 308, 788	18. 62 %	18. 62 %
4	6, 587, 784, 120	● 5. 48 %	5. 48 %
5	52, 520, 189, 880	43. 68 %	● 43. 68 %
小計①=	● 120, 226, 136, 360	100 %	
6	557. 46055	● 33. 36 %	0. 00 %
7	0. 03706	0. 00 %	0. 00 %
8	● 9. 59051	0. 57 %	0. 00 %
9	64. 24765	● 3. 85 %	0. 00 %
10	● 1, 039. 5556	62. 22 %	0. 00 %
小計②=	1, 670. 89137	100 %	
合計=	● 120, 226, 138, 030		100 %
11 ¥	37, 506, 715, 910	15. 91 %	● 15. 88 %
12 ¥	● 82, 979, 521, 420	35. 21 %	35. 13 %
13 ¥	60, 285, 085, 091	25. 58 %	● 25. 52 %
14 ¥	5, 530, 224, 015	2. 35 %	2. 34 %
15 ¥	49, 373, 516, 764	● 20. 95 %	20. 90 %
小計③=¥	● 235, 675, 063, 200	100 %	
16 ¥	342, 650	0. 06 %	0. 00 %
17 ¥	● 62, 085	0. 01 %	0. 00 %
18 ¥	1, 800, 549	● 0. 33 %	0. 00 %
19 ¥	● 7, 516	0. 00 %	0. 00 %
20 ¥	545, 245, 884	99. 60 %	● 0. 23 %
小計④=¥	● 547, 458, 684	100 %	
合計=¥	236, 222, 521, 884		100 %

※検定試験時の採点箇所は、●印のついた20箇所です。
※タブスイッチのない電卓で計算した場合、上記のとおりにならないことがあります。

除算解答（●印1箇所5点×20箇所）

1	7, 931	4. 05 %	● 4. 05 %
2	80, 265	40. 97 %	40. 94 %
3	28, 406	14. 50 %	● 14. 49 %
4	● 46, 718	23. 85 %	23. 83 %
5	32, 590	● 16. 64 %	16. 62 %
小計①=	● 195, 910	100 %	
6	● 0. 63492	0. 46 %	0. 00 %
7	0. 51827	● 0. 38 %	0. 00 %
8	● 135. 084	98. 42 %	0. 07 %
9	0. 94673	● 0. 69 %	0. 00 %
10	0. 07159	0. 05 %	0. 00 %
小計②=	● 137. 25551	100 %	
合計=	196, 047. 25551		100 %
11 ¥	4, 982	2. 62 %	0. 47 %
12 ¥	● 10, 647	5. 60 %	1. 01 %
13 ¥	● 59, 238	31. 18 %	5. 60 %
14 ¥	78, 126	● 41. 12 %	7. 38 %
15 ¥	37, 014	19. 48 %	● 3. 50 %
小計③=¥	● 190, 007	100 %	
16 ¥	● 614, 309	70. 77 %	58. 06 %
17 ¥	20, 453	● 2. 36 %	1. 93 %
18 ¥	96, 875	11. 16 %	● 9. 16 %
19 ¥	83, 560	9. 63 %	7. 90 %
20 ¥	52, 791	6. 08 %	● 4. 99 %
小計④=¥	867, 988	100 %	
合計=¥	● 1, 057, 995		100 %

複合算解答（1題5点×20題）

1	−440, 518, 870, 806
2	823, 372
3	624. 585
4	330, 034, 798, 323
5	251, 048, 028, 975
6	703, 158
7	65, 095. 376
8	263, 696, 742, 852
9	679, 389, 222, 592
10	−905, 437
11	14, 980. 803
12	105, 545, 508, 794
13	535, 600, 000, 000
14	710, 651, 594, 305
15	343, 149, 302, 008
16	119, 548. 153
17	97. 824
18	84. 192
19	530, 787, 145, 167
20	442, 376, 348, 121

見取算解答（1題10点×10題）

1	¥	16, 894, 437, 129
2	¥	22, 893, 589, 440
3	¥	5, 726, 347, 254
4	¥	24, 079, 576, 392
5	¥	−5, 876, 794, 604
6	¥	23, 577, 568, 740
7	¥	14, 050, 812, 042
8	¥	9, 676, 600, 095
9	¥	20, 129, 400, 000
10	¥	630, 889, 996

伝票算解答（1題10点×10題）

1	¥	2, 512, 141, 011
2	¥	2, 128, 051, 269
3	¥	2, 383, 925, 274
4	¥	2, 857, 634, 622
5	¥	2, 657, 034, 045
6	¥	2, 575, 986, 390
7	¥	2, 676, 392, 172
8	¥	2, 035, 245, 474
9	¥	2, 913, 260, 355
10	¥	2, 486, 085, 588

第11回

■1種目100点を満点とし、各種目とも得点70点以上を合格とする。
■乗算・除算は解答表の●印のついた箇所（1箇所5点、各20箇所）だけを採点する。ただし、1級満点表彰の対象となる答案は、採点箇所以外の解答欄もすべて記入されていなければならない。

乗算解答（●印1箇所5点×20箇所）

1		14, 677, 407, 040	● 10. 84 %	10. 84 %
2		27, 018, 523, 818	19. 96 %	● 19. 96 %
3		38, 608, 391, 718	28. 53 %	28. 53 %
4		45, 754, 151, 118	33. 81 %	● 33. 81 %
5		● 9, 285, 872, 700	6. 86 %	6. 86 %
小計①=		● 135, 344, 346, 394	100 %	
6		15, 114. 14948	91. 57 %	0. 00 %
7		● 0. 04069	0. 00 %	0. 00 %
8		393. 99204	● 2. 39 %	0. 00 %
9		● 7. 15266	0. 04 %	0. 00 %
10		989. 37167	● 5. 99 %	0. 00 %
小計②=		16, 504. 70654	100 %	
合計=		● 135, 344, 362, 898		100 %
11	¥	32, 662, 868, 460	19. 43 %	● 19. 42 %
12	¥	21, 669, 421, 410	12. 89 %	12. 88 %
13	¥	● 50, 161, 196, 320	29. 84 %	29. 83 %
14	¥	59, 883, 023, 421	● 35. 62 %	35. 61 %
15	¥	3, 728, 202, 786	2. 22 %	● 2. 22 %
小計③=¥		● 168, 104, 712, 397	100 %	
16	¥	33, 499, 312	45. 94 %	0. 02 %
17	¥	● 61, 031	0. 08 %	0. 00 %
18	¥	38, 606, 292	52. 94 %	● 0. 02 %
19	¥	● 588, 287	0. 81 %	0. 00 %
20	¥	171, 300	● 0. 23 %	0. 00 %
小計④=¥		● 72, 926, 222	100 %	
合計=¥		168, 177, 638, 619		100 %

※検定試験時の採点箇所は、●印のついた20箇所です。
※タブスイッチのない電卓で計算した場合、上記のとおりにならないことがあります。

除算解答（●印1箇所5点×20箇所）

1		70, 265	● 30. 77 %	30. 73 %
2		51, 784	22. 67 %	22. 65 %
3		63, 509	27. 81 %	● 27. 78 %
4		● 4, 627	2. 03 %	2. 02 %
5		38, 190	16. 72 %	● 16. 70 %
小計①=		● 228, 375	100 %	
6		● 249. 376	99. 20 %	0. 11 %
7		0. 16048	● 0. 06 %	0. 00 %
8		● 0. 07931	0. 03 %	0. 00 %
9		0. 85412	● 0. 34 %	0. 00 %
10		0. 92853	0. 37 %	0. 00 %
小計②=		● 251. 39844	100 %	
合計=		228, 626. 39844		100 %
11	¥	69, 530	10. 69 %	8. 37 %
12	¥	● 27, 498	4. 23 %	3. 31 %
13	¥	91, 082	● 14. 01 %	10. 96 %
14	¥	86, 914	13. 37 %	● 10. 46 %
15	¥	● 375, 246	57. 71 %	45. 16 %
小計③=¥		● 650, 270	100 %	
16	¥	18, 057	9. 99 %	2. 17 %
17	¥	7, 203	3. 99 %	● 0. 87 %
18	¥	● 40, 625	22. 48 %	4. 89 %
19	¥	61, 389	● 33. 96 %	7. 39 %
20	¥	53, 471	29. 58 %	● 6. 43 %
小計④=¥		180, 745	100 %	
合計=¥		● 831, 015		100 %

複合算解答（1題5点×20題）

1	925, 378
2	22. 218
3	377, 618, 497, 515
4	192, 506, 033, 241
5	255, 802, 240, 092
6	64. 928
7	521, 328, 137, 013
8	81. 904
9	870, 996
10	66, 465. 171
11	5, 265. 958
12	−924, 317
13	2, 543. 961
14	446, 439, 848, 328
15	136, 799, 093, 900
16	−369, 336, 632, 406
17	735, 770, 000, 000
18	277, 724, 944, 088
19	451, 569, 185, 838
20	764, 999, 651, 682

見取算解答（1題10点×10題）

1	¥	12, 369, 531, 240
2	¥	23, 652, 786, 204
3	¥	9, 832, 082, 468
4	¥	14, 289, 658, 218
5	¥	−3, 380, 567, 518
6	¥	20, 082, 401, 595
7	¥	20, 260, 864, 773
8	¥	14, 567, 347, 148
9	¥	12, 682, 502, 658
10	¥	10, 721, 408, 485

伝票算解答（1題10点×10題）

1	¥	2, 512, 145, 160
2	¥	1, 987, 395, 318
3	¥	2, 383, 914, 816
4	¥	2, 849, 596, 110
5	¥	2, 664, 435, 258
6	¥	2, 575, 982, 826
7	¥	2, 931, 113, 178
8	¥	2, 035, 196, 064
9	¥	2, 942, 282, 718
10	¥	2, 484, 890, 343

第12回

■1種目100点を満点とし、各種目とも得点70点以上を合格とする。
■乗算・除算は解答表の●印のついた箇所（1箇所5点、各20箇所）だけを採点する。ただし、1級満点表彰の対象となる答案は、採点箇所以外の解答欄もすべて記入されていなければならない。

乗算解答（●印1箇所5点×20箇所）

1		32, 416, 678, 740	15. 82 %	15. 82 %
2		47, 355, 091, 992	23. 11 %	● 23. 11 %
3		59, 673, 745, 755	● 29. 13 %	29. 13 %
4		54, 165, 329, 458	26. 44 %	● 26. 44 %
5		● 11, 257, 851, 880	5. 50 %	5. 50 %
小計①=		● 204, 868, 697, 825	100 %	
6		72. 15824	● 4. 88 %	0. 00 %
7		● 0. 03998	0. 00 %	0. 00 %
8		● 541. 69995	36. 60 %	0. 00 %
9		1. 25965	● 0. 09 %	0. 00 %
10		865. 0108	58. 44 %	0. 00 %
小計②=		● 1, 480. 16862	100 %	
合計=		204, 868, 699, 305		100 %
11	¥	8, 426, 234, 269	5. 63 %	● 5. 63 %
12	¥	38, 233, 374, 720	● 25. 55 %	25. 54 %
13	¥	● 32, 000, 069, 640	21. 38 %	21. 37 %
14	¥	9, 195, 574, 948	6. 15 %	6. 14 %
15	¥	61, 783, 003, 305	41. 29 %	● 41. 27 %
小計③=¥		● 149, 638, 256, 882	100 %	
16	¥	76, 609, 103	97. 24 %	● 0. 05 %
17	¥	● 25, 873	0. 03 %	0. 00 %
18	¥	1, 215, 568	1. 54 %	0. 00 %
19	¥	● 476, 322	0. 60 %	0. 00 %
20	¥	457, 480	● 0. 58 %	0. 00 %
小計④=¥		● 78, 784, 346	100 %	
合計=¥		149, 717, 041, 228		100 %

※検定試験時の採点箇所は、●印のついた20箇所です。
※タブスイッチのない電卓で計算した場合、上記のとおりにならないことがあります。

除算解答（●印1箇所5点×20箇所）

1		50, 796	● 27. 24 %	27. 23 %
2		● 24, 670	13. 23 %	13. 23 %
3		85, 341	45. 77 %	● 45. 75 %
4		19, 238	10. 32 %	10. 31 %
5		6, 402	● 3. 43 %	3. 43 %
小計①=		● 186, 447	100 %	
6		● 0. 03587	0. 04 %	0. 00 %
7		91. 8623	98. 34 %	● 0. 05 %
8		● 0. 41069	0. 44 %	0. 00 %
9		0. 72954	● 0. 78 %	0. 00 %
10		0. 37815	0. 40 %	0. 00 %
小計②=		● 93. 41655	100 %	
合計=		186, 540. 41655		100 %
11	¥	471, 863	72. 71 %	49. 76 %
12	¥	● 39, 780	6. 13 %	4. 19 %
13	¥	16, 437	● 2. 53 %	1. 73 %
14	¥	97, 251	14. 99 %	● 10. 26 %
15	¥	● 23, 604	3. 64 %	2. 49 %
小計③=¥		● 648, 935	100 %	
16	¥	● 52, 086	17. 40 %	5. 49 %
17	¥	7, 309	● 2. 44 %	0. 77 %
18	¥	65, 248	21. 80 %	● 6. 88 %
19	¥	● 90, 512	30. 24 %	9. 54 %
20	¥	84, 195	28. 13 %	● 8. 88 %
小計④=¥		299, 350	100 %	
合計=¥		948, 285		100 %

複合算解答（1題5点×20題）

1	717, 790, 000, 000
2	−604, 342, 848, 879
3	487, 799, 053, 731
4	691, 752
5	409. 646
6	189, 034, 256, 090
7	32, 701. 969
8	344, 825, 193, 538
9	302, 614, 685, 237
10	940. 972
11	59. 872
12	760, 055, 507, 835
13	290, 346, 083, 782
14	1, 300, 086
15	856, 900, 810, 486
16	246, 716, 539, 529
17	908, 732
18	540, 754, 063, 254
19	45, 979. 797
20	−83. 904

見取算解答（1題10点×10題）

1	¥	14, 178, 117, 276
2	¥	23, 551, 207, 317
3	¥	5, 003, 567, 378
4	¥	18, 935, 785, 683
5	¥	−4, 070, 623, 131
6	¥	14, 915, 052, 108
7	¥	10, 740, 719, 223
8	¥	5, 912, 171, 742
9	¥	23, 527, 536, 255
10	¥	11, 587, 557, 484

伝票算解答（1題10点×10題）

1	¥	2, 311, 071, 057
2	¥	1, 988, 341, 083
3	¥	2, 451, 526, 848
4	¥	3, 144, 682, 818
5	¥	2, 664, 417, 753
6	¥	2, 079, 164, 340
7	¥	2, 935, 143, 036
8	¥	2, 040, 823, 008
9	¥	2, 842, 437, 339
10	¥	2, 484, 864, 774

第13回

■1種目100点を満点とし、各種目とも得点70点以上を合格とする。
■乗算・除算は解答表の●印のついた箇所（1箇所5点、各20箇所）だけを採点する。ただし、1級満点表彰の対象となる答案は、採点箇所以外の解答欄もすべて記入されていなければならない。

乗算解答（●印1箇所5点×20箇所）

1	62, 343, 691, 233	29. 98％	29. 98％
2	●78, 137, 484, 638	37. 58％	37. 58％
3	41, 082, 424, 320	19. 76％	●19. 76％
4	2, 660, 059, 544	●1. 28％	1. 28％
5	23, 700, 643, 850	11. 40％	●11. 40％
小計①＝	●207, 924, 303, 585	100 ％	
6	68. 86707	●2. 41％	0. 00％
7	●0. 09459	0. 00％	0. 00％
8	0. 50895	0. 02％	0. 00％
9	●1, 924. 68966	67. 47％	0. 00％
10	858. 57382	●30. 10％	0. 00％
小計②＝	2, 852. 73409	100 ％	
合計＝	●207, 924, 306, 437		100 ％
11	￥ ●41, 410, 761, 210	26. 79％	26. 78％
12	￥ 8, 581, 530, 944	5. 55％	●5. 55％
13	￥ 4, 008, 901, 644	●2. 59％	2. 59％
14	￥ 49, 465, 437, 936	32. 01％	31. 99％
15	￥ 51, 086, 842, 040	33. 05％	●33. 04％
小計③＝￥	●154, 553, 473, 774	100 ％	
16	￥ 16, 748, 832	21. 12％	0. 01％
17	￥ ●296, 777	0. 37％	0. 00％
18	￥ 85, 632	●0. 11％	0. 00％
19	￥ ●8, 016	0. 01％	0. 00％
20	￥ 62, 155, 624	78. 39％	●0. 04％
小計④＝￥	●79, 294, 881	100 ％	
合計＝￥	154, 632, 768, 655		100 ％

※検定試験時の採点箇所は、●印のついた20箇所です。
※タブスイッチのない電卓で計算した場合、上記のとおりにならないことがあります。

除算解答（●印1箇所5点×20箇所）

1	85, 931	35. 83％	●35. 83％
2	20, 579	●8. 58％	8. 58％
3	●74, 360	31. 01％	31. 00％
4	52, 804	22. 02％	●22. 02％
5	6, 153	2. 57％	2. 57％
小計①＝	●239, 827	100 ％	
6	●0. 13086	2. 08％	0. 00％
7	0. 39467	●6. 27％	0. 00％
8	●4. 78125	75. 94％	0. 00％
9	0. 07298	●1. 16％	0. 00％
10	●0. 91642	14. 56％	0. 00％
小計②＝	6. 29618	100 ％	
合計＝	239, 833. 29618		100 ％
11	￥ ●42, 859	3. 67％	3. 06％
12	￥ 927, 368	79. 48％	66. 25％
13	￥ ●84, 935	7. 28％	6. 07％
14	￥ 76, 401	6. 55％	●5. 46％
15	￥ 35, 170	●3. 01％	2. 51％
小計③＝￥	●1, 166, 733	100 ％	
16	￥ 63, 712	27. 33％	4. 55％
17	￥ 1, 596	0. 68％	●0. 11％
18	￥ 89, 024	●38. 19％	6. 36％
19	￥ ●50, 647	21. 73％	3. 62％
20	￥ 28, 103	12. 06％	●2. 01％
小計④＝￥	233, 082	100 ％	
合計＝￥	●1, 399, 815		100 ％

複合算解答（1題5点×20題）

1	663, 419, 065, 238
2	−344, 749, 101, 015
3	550, 347, 144, 457
4	−951, 723
5	8, 425. 611
6	93. 728
7	80. 512
8	163, 423, 157, 466
9	1, 484, 912
10	814. 321
11	102, 720. 146
12	329, 629, 885, 488
13	748. 292
14	625, 500, 000, 000
15	267, 164, 345, 194
16	501, 866, 326, 420
17	764, 328
18	248, 677, 664, 383
19	432, 816, 436, 105
20	489, 799, 250, 655

見取算解答（1題10点×10題）

1	￥ 16, 978, 611, 753
2	￥ 21, 926, 063, 340
3	￥ 9, 379, 525, 806
4	￥ 20, 901, 516, 660
5	￥ −2, 331, 841, 646
6	￥ 14, 052, 865, 014
7	￥ 22, 671, 474, 534
8	￥ 7, 064, 254, 340
9	￥ 11, 942, 633, 259
10	￥ 11, 385, 213, 777

伝票算解答（1題10点×10題）

1	￥ 2, 261, 744, 820
2	￥ 1, 988, 374, 941
3	￥ 2, 355, 355, 152
4	￥ 3, 139, 941, 825
5	￥ 2, 663, 658, 909
6	￥ 2, 098, 923, 201
7	￥ 2, 935, 125, 792
8	￥ 2, 737, 971, 873
9	￥ 2, 839, 652, 532
10	￥ 2, 485, 027, 503

第14回

■1種目100点を満点とし、各種目とも得点70点以上を合格とする。
■乗算・除算は解答表の●印のついた箇所（1箇所5点、各20箇所）だけを採点する。ただし、1級満点表彰の対象となる答案は、採点箇所以外の解答欄もすべて記入されていなければならない。

乗算解答（●印1箇所5点×20箇所）

1	42, 134, 192, 947	30. 05％	30. 05％
2	24, 720, 096, 540	17. 63％	●17. 63％
3	●32, 236, 960, 360	22. 99％	22. 99％
4	15, 526, 855, 936	11. 07％	●11. 07％
5	25, 596, 350, 860	●18. 26％	18. 26％
小計①＝	●140, 214, 456, 643	100 ％	
6	39. 02522	●4. 12％	0. 00％
7	●0. 05021	0. 01％	0. 00％
8	14. 35149	●1. 51％	0. 00％
9	●96. 99225	10. 24％	0. 00％
10	796. 98792	84. 12％	0. 00％
小計②＝	●947. 40709	100 ％	
合計＝	140, 214, 457, 590		100 ％
11	￥ 6, 801, 620, 910	4. 59％	●4. 58％
12	￥ ●29, 157, 825, 820	19. 69％	19. 65％
13	￥ 75, 324, 599, 584	50. 86％	●50. 75％
14	￥ 8, 546, 286, 784	●5. 77％	5. 76％
15	￥ 28, 269, 252, 689	19. 09％	19. 05％
小計③＝￥	●148, 099, 585, 787	100 ％	
16	￥ 5, 013, 805	●1. 55％	0. 00％
17	￥ 317, 037, 401	98. 28％	●0. 21％
18	￥ ●71, 008	0. 02％	0. 00％
19	￥ 11, 437	0. 00％	0. 00％
20	￥ ●461, 693	0. 14％	0. 00％
小計④＝￥	322, 595, 344	100 ％	
合計＝￥	●148, 422, 181, 131		100 ％

※検定試験時の採点箇所は、●印のついた20箇所です。
※タブスイッチのない電卓で計算した場合、上記のとおりにならないことがあります。

除算解答（●印1箇所5点×20箇所）

1	10, 483	5. 44％	5. 44％
2	8, 769	4. 55％	●4. 55％
3	51, 290	●26. 62％	26. 62％
4	●24, 356	12. 64％	12. 64％
5	97, 801	50. 75％	●50. 75％
小計①＝	●192, 699	100 ％	
6	0. 02647	●0. 34％	0. 00％
7	●0. 43128	5. 62％	0. 00％
8	6. 09375	●79. 38％	0. 00％
9	●0. 35982	4. 69％	0. 00％
10	●0. 76514	9. 97％	0. 00％
小計②＝	7. 67646	100 ％	
合計＝	192, 706. 67646		100 ％
11	￥ ●48, 531	12. 25％	8. 13％
12	￥ 196, 703	49. 65％	●32. 93％
13	￥ ●54, 179	13. 67％	9. 07％
14	￥ 72, 940	18. 41％	12. 21％
15	￥ 23, 865	●6. 02％	4. 00％
小計③＝￥	●396, 218	100 ％	
16	￥ 84, 352	41. 95％	●14. 12％
17	￥ 9, 207	●4. 58％	1. 54％
18	￥ 30, 628	15. 23％	●5. 13％
19	￥ ●15, 086	7. 50％	2. 53％
20	￥ ●61, 794	30. 73％	10. 35％
小計④＝￥	201, 067	100 ％	
合計＝￥	597, 285		100 ％

複合算解答（1題5点×20題）

1	866. 373
2	255. 102
3	273, 285, 436, 788
4	393, 100, 679, 335
5	568, 089, 536, 671
6	289, 776, 181, 261
7	2, 561. 322
8	−483, 163, 648, 926
9	947, 187, 092, 420
10	538, 535, 707, 816
11	69. 248
12	9. 207
13	774, 900, 000, 000
14	67. 104
15	410, 005, 674, 652
16	361, 273, 295, 077
17	−739, 152
18	1, 408, 554
19	172, 425, 364, 873
20	830, 219

見取算解答（1題10点×10題）

1	￥ 24, 434, 874, 531
2	￥ 12, 169, 277, 397
3	￥ 11, 037, 098, 038
4	￥ 16, 081, 207, 056
5	￥ −1, 925, 436, 571
6	￥ 18, 698, 923, 404
7	￥ 25, 130, 996, 208
8	￥ 6, 130, 519, 453
9	￥ 13, 876, 456, 419
10	￥ 7, 165, 009, 460

伝票算解答（1題10点×10題）

1	￥ 2, 299, 705, 299
2	￥ 1, 988, 837, 307
3	￥ 2, 353, 452, 777
4	￥ 3, 198, 221, 532
5	￥ 2, 586, 859, 758
6	￥ 2, 270, 582, 784
7	￥ 2, 935, 017, 189
8	￥ 2, 735, 073, 486
9	￥ 2, 805, 550, 254
10	￥ 2, 669, 524, 569

第15回

■1種目100点を満点とし、各種目とも得点70点以上を合格とする。
■乗算・除算は解答表の●印のついた箇所（1箇所5点、各20箇所）だけを採点する。ただし、1級満点表彰の対象となる答案は、採点箇所以外の解答欄もすべて記入されていなければならない。

乗算解答（●印1箇所5点×20箇所）

1	●29, 740, 641, 788	19. 79％	19. 79％
2	46, 323, 070, 500	30. 83％	●30. 83％
3	53, 790, 607, 326	●35. 80％	35. 80％
4	11, 608, 978, 720	7. 73％	7. 73％
5	8, 786, 181, 438	5. 85％	●5. 85％
小計①＝	●150, 249, 479, 772	100 ％	
6	520. 90513	●6. 80％	0. 00％
7	●0. 01041	0. 00％	0. 00％
8	489. 52629	●6. 39％	0. 00％
9	●6, 595. 59375	86. 09％	0. 00％
10	55. 13334	0. 72％	0. 00％
小計②＝	7, 661. 16892	100 ％	
合計＝	●150, 249, 487, 433		100 ％
11	￥ 35, 886, 893, 369	28. 58％	●28. 58％
12	￥ 9, 671, 633, 316	●7. 70％	7. 70％
13	￥ ●21, 860, 544, 433	17. 41％	17. 41％
14	￥ 48, 700, 049, 100	38. 78％	38. 78％
15	￥ 9, 447, 851, 820	7. 52％	●7. 52％
小計③＝￥	●125, 566, 972, 038	100 ％	
16	￥ 22, 960	0. 11％	0. 00％
17	￥ 18, 285, 415	89. 17％	●0. 01％
18	￥ ●832, 503	4. 06％	0. 00％
19	￥ ●383, 265	1. 87％	0. 00％
20	￥ 983, 076	●4. 79％	0. 00％
小計④＝￥	●20, 507, 219	100 ％	
合計＝￥	125, 587, 479, 257		100 ％

除算解答（●印1箇所5点×20箇所）

1	63, 045	22. 54％	●22. 54％
2	●35, 170	12. 58％	12. 58％
3	82, 754	●29. 59％	29. 59％
4	1, 469	0. 53％	0. 53％
5	97, 218	34. 76％	●34. 76％
小計①＝	●279, 656	100 ％	
6	0. 59386	●9. 00％	0. 00％
7	0. 74831	11. 35％	0. 00％
8	●4. 90627	74. 39％	0. 00％
9	0. 08192	●1. 24％	0. 00％
10	●0. 26503	4. 02％	0. 00％
小計②＝	●6. 59539	100 ％	
合計＝	279, 662. 59539		100 ％
11	￥ ●7, 934	3. 17％	0. 99％
12	￥ 95, 310	●38. 11％	11. 92％
13	￥ ●61, 402	24. 55％	7. 68％
14	￥ 56, 801	22. 71％	●7. 10％
15	￥ 28, 673	11. 46％	3. 59％
小計③＝￥	●250, 120	100 ％	
16	￥ 46, 059	8. 38％	5. 76％
17	￥ 320, 748	58. 35％	●40. 10％
18	￥ 19, 437	●3. 54％	2. 43％
19	￥ ●78, 125	14. 21％	9. 77％
20	￥ 85, 296	15. 52％	●10. 66％
小計④＝￥	549, 665	100 ％	
合計＝￥	●799, 785		100 ％

※検定試験時の採点箇所は、●印のついた20箇所です。
※タブスイッチのない電卓で計算した場合、上記のとおりにならないことがあります。

複合算解答（1題5点×20題）

1	85. 004
2	215, 419. 748
3	18, 254. 167
4	275, 344, 781, 585
5	335, 247, 364, 785
6	915, 563
7	4, 516. 814
8	803, 674
9	792, 148
10	550, 620, 000, 000
11	440, 885, 296, 637
12	75. 264
13	166, 298, 404, 616
14	674, 690, 917, 685
15	518, 146, 878, 560
16	−65. 312
17	295, 657, 817, 684
18	996, 043, 111, 950
19	139, 407, 873, 000
20	−397, 991, 507, 060

見取算解答（1題10点×10題）

1	￥	14, 180, 675, 301
2	￥	21, 427, 021, 921
3	￥	2, 423, 652, 996
4	￥	19, 001, 819, 592
5	￥	−263, 650, 884
6	￥	15, 508, 737, 189
7	￥	25, 252, 759, 944
8	￥	5, 378, 317, 744
9	￥	14, 524, 419, 456
10	￥	8, 317, 027, 978

伝票算解答（1題10点×10題）

1	￥	2, 298, 143, 079
2	￥	2, 396, 413, 008
3	￥	2, 353, 821, 651
4	￥	3, 198, 222, 477
5	￥	2, 608, 592, 310
6	￥	2, 264, 301, 234
7	￥	2, 386, 683, 891
8	￥	2, 734, 483, 077
9	￥	2, 805, 550, 299
10	￥	2, 625, 618, 762

主催　公益社団法人　全国経理教育協会
後援　文部科学省

電卓計算能力検定模擬試験

伝票算解答用紙

採　点　欄

級　受験番号

No.	
1	
2	
3	
4	
5	
6	
7	
8	
9	
10	

主催　公益社団法人　全国経理教育協会
後援　文部科学省
電卓計算能力検定模擬試験
伝票算解答用紙
採　点　欄
級　受験番号
No. 1 2 3 4 5 6 7 8 9 10

主催　公益社団法人　全国経理教育協会
後援　文部科学省
電卓計算能力検定模擬試験
伝票算解答用紙
採　点　欄
級　受験番号
No. 1 2 3 4 5 6 7 8 9 10

主催　公益社団法人　全国経理教育協会
後援　文部科学省
電卓計算能力検定模擬試験
伝票算解答用紙
採　点　欄
級　受験番号
No. 1 2 3 4 5 6 7 8 9 10

主催　公益社団法人　全国経理教育協会
後援　文部科学省

電卓計算能力検定模擬試験

伝票算解答用紙

採　　点　　欄

級　受験番号

No.	
1	
2	
3	
4	
5	
6	
7	
8	
9	
10	

主催　公益社団法人　全国経理教育協会
後援　文部科学省

電卓計算能力検定模擬試験

伝票算解答用紙

採　　点　　欄

級　受験番号

No.	
1	
2	
3	
4	
5	
6	
7	
8	
9	
10	

主催　公益社団法人　全国経理教育協会
後援　文部科学省

電卓計算能力検定模擬試験

伝票算解答用紙

採　　点　　欄

級　受験番号

No.	
1	
2	
3	
4	
5	
6	
7	
8	
9	
10	

主催　公益社団法人　全国経理教育協会
後援　文部科学省

電卓計算能力検定模擬試験

伝票算解答用紙

採　　点　　欄

級　受験番号

No.	
1	
2	
3	
4	
5	
6	
7	
8	
9	
10	

主催　公益社団法人　全国経理教育協会
後援　文部科学省

電卓計算能力検定模擬試験

伝票算解答用紙

採　点　欄

級　受験番号

No.	
1	
2	
3	
4	
5	
6	
7	
8	
9	
10	

主催　公益社団法人　全国経理教育協会
後援　文部科学省

電卓計算能力検定模擬試験

伝票算解答用紙

採　点　欄

級　受験番号

No.	
1	
2	
3	
4	
5	
6	
7	
8	
9	
10	

主催　公益社団法人　全国経理教育協会
後援　文部科学省

電卓計算能力検定模擬試験

伝票算解答用紙

採　点　欄

級　受験番号

No.	
1	
2	
3	
4	
5	
6	
7	
8	
9	
10	

主催　公益社団法人　全国経理教育協会
後援　文部科学省

電卓計算能力検定模擬試験

伝票算解答用紙

採　点　欄

級　受験番号

No.	
1	
2	
3	
4	
5	
6	
7	
8	
9	
10	

主催　公益社団法人　全国経理教育協会
後援　文部科学省

電卓計算能力検定模擬試験

伝票算解答用紙

採　点　欄

級　受験番号

No.	
1	
2	
3	
4	
5	
6	
7	
8	
9	
10	

主催　公益社団法人　全国経理教育協会
後援　文部科学省

電卓計算能力検定模擬試験

伝票算解答用紙

採　点　欄

級　受験番号

No. 1 2 3 4 5 6 7 8 9 10

主催　公益社団法人　全国経理教育協会
後援　文部科学省

電卓計算能力検定模擬試験

伝票算解答用紙

採　点　欄

級　受験番号

No. 1 2 3 4 5 6 7 8 9 10

主催　公益社団法人　全国経理教育協会
後援　文部科学省

電卓計算能力検定模擬試験

伝票算解答用紙

採　点　欄

級　受験番号

No. 1 2 3 4 5 6 7 8 9 10

主催　公益社団法人　全国経理教育協会　　後援　文部科学省

第15回電卓計算能力検定模擬試験

1 級　複合算問題　(制限時間10分)

(注意) 小数第3位未満の端数が出たときは切り捨てること。ただし、端数処理は1題の解答について行うのではなく、1計算ごとに行うこと。

受験番号

採　点　欄

No.	
1	(163.249 × 583.619) ÷ (690.241 ÷ 0.61583) =
2	9,541.781 ÷ 0.040853 − 5,163.428 ÷ 0.28458 =
3	(483.691 ÷ 0.032645) × (99.069 ÷ 80.371) =
4	917,823 × 805,467 − 713,204 × 650,489 =
5	393,539,470,387 ÷ 978,061 + 805,342 × 416,279 =
6	403,024,368,516 ÷ 785,246 + 151,649,772,297 ÷ 376,941 =
7	(272,878.219 ÷ 267.318) ÷ (209.541 ÷ 923.678) =
8	(831,890,667,497 − 610,284,795,063) ÷ (623,946 − 348,205) =
9	(989,404,771,374 − 395,739,750,698) ÷ (463,290 + 286,147) =
10	(167,934 + 516,066) × (572,717 + 232,283) =
11	539,812 × 816,740 − 564,771,347,316 ÷ 746,812 =
12	(57,137,538 + 10,835,262) ÷ (421,638 + 481,487) =
13	228,826,237,596 ÷ 349,761 + 873,945 × 190,284 =
14	704,852 × 957,210 − 337,009,720,710 ÷ 724,386 =
15	(692,678 − 153,694) × (392,084 + 569,256) =
16	(73,692,845 − 29,403,145) ÷ (237,619 − 915,744) =
17	(876,920 − 426,732) × (765,983 − 109,240) =
18	600,720 × 706,504 + 928,743 × 615,490 =
19	(260,713 + 641,837) × (986,475 − 832,015) =
20	(386,605 + 420,369) × (154,792 − 647,982) =

主催　公益社団法人　全国経理教育協会　　後援　文部科学省

第15回電卓計算能力検定模擬試験

1級　見取算問題　（制限時間10分）

採点欄

受験番号

No.	(1)	(2)	(3)	(4)	(5)
1	¥ 32, 486	¥ 60, 739, 852	¥ 42, 038, 156	¥ 40, 783, 926	¥ 59, 206, 834
2	9, 176, 035	16, 308, 957	−513, 924, 067	973, 506, 184	−729, 546
3	70, 921, 564	4, 821, 506	1, 087, 326, 549	1, 437, 560	1, 403, 758, 962
4	2, 987, 654, 310	67, 384	−13, 279	3, 619, 842	−41, 053, 729
5	128, 045, 973	3, 805, 274, 169	6, 451, 908	5, 208, 164, 793	318, 564, 790
6	4, 308, 792, 651	89, 420, 175	−6, 905, 182, 734	65, 948, 207	−8, 092, 376, 514
7	35, 269, 018	573, 942, 681	−768, 523	187, 032, 964	−19, 863
8	546, 389	93, 742	96, 302, 841	3, 094, 857, 621	739, 504, 216
9	851, 409, 267	8, 193, 470	−8, 270, 495	2, 710, 456	−6, 830, 127
10	6, 381, 702	237, 063, 591	371, 645, 920	89, 345	3, 482, 907
11	4, 765, 198	450, 319, 627	−9, 571, 384	756, 490, 218	4, 617, 085
12	94, 873, 205	7, 128, 695, 430	831, 256, 097	21, 605, 839	27, 195, 408
13	2, 410, 739	2, 641, 098	−28, 639, 470	8, 639, 271, 450	−960, 241, 358
14	613, 257, 840	1, 584, 026	7, 450, 193, 862	5, 378, 012	5, 328, 671
15	5, 067, 138, 924	9, 047, 856, 213	4, 807, 615	923, 175	6, 275, 941, 380
計					

No.	(6)	(7)	(8)	(9)	(10)
1	¥ 980, 136, 457	¥ 730, 261, 489	¥ 93, 204, 715	¥ 52, 946	¥ 2, 786, 054, 391
2	29, 637, 580	28, 405, 971	−4, 196, 082	650, 281, 739	−9, 236, 510
3	871, 423, 906	9, 581, 374, 620	−547, 981, 630	39, 648, 071	−63, 489
4	1, 765, 932	6, 150, 734	24, 975	4, 726, 013, 598	−120, 845, 736
5	5, 207, 491, 863	86, 592	7, 016, 452, 893	1, 576, 204	97, 318, 045
6	46, 508, 219	53, 829, 016	69, 517, 240	903, 465, 817	8, 507, 921
7	8, 902, 614	142, 397	8, 105, 326	8, 214, 063	−4, 013, 759, 862
8	6, 092, 173, 845	7, 603, 541	430, 628, 957	5, 162, 398, 470	645, 182, 703
9	1, 469, 358, 720	318, 796, 450	−793, 281	4, 967, 385	74, 390, 658
10	42, 176	8, 064, 357, 219	−3, 672, 841, 509	71, 830, 952	1, 965, 274
11	37, 284, 059	5, 910, 832	2, 657, 834	847, 053, 629	−216, 483
12	781, 534	197, 048, 625	259, 036, 418	2, 085, 697, 143	−32, 549, 807
13	5, 870, 391	46, 582, 307	−85, 340, 762	9, 104, 258	8, 309, 172, 654
14	754, 310, 628	6, 209, 475, 183	1, 802, 963, 547	13, 725, 460	7, 681, 029
15	3, 049, 265	2, 734, 968	6, 879, 103	389, 721	563, 427, 190
計					

主催　公益社団法人　全国経理教育協会　　後援　文部科学省

第15回電卓計算能力検定模擬試験

1級　除算問題　(制限時間10分)

採点欄

(注意) 無名数で小数第5位未満の端数が出たとき、名数で円位未満の端数が出たとき、パーセントの小数第2位未満の端数が出たときは四捨五入すること。

受験番号

No.	問題		
1	4,599,132,750 ÷ 72,950 =	%	%
2	3,278,055,020 ÷ 93,206 =	%	%
3	2,285,086,202 ÷ 27,613 =	%	%
4	852,741,279 ÷ 580,491 =	%	%
5	3,582,191,646 ÷ 36,847 =	%	%
	No.1～No.5 小計 ①	100 %	
6	9,373.545786 ÷ 15,784 =	%	%
7	0.0685597681 ÷ 0.09162 =	%	%
8	4.189467476 ÷ 0.8539 =	%	%
9	0.52736 ÷ 6.4375 =	%	%
10	108.7364495 ÷ 410.28 =	%	%
	No.6～No.10 小計 ②	100 %	
	(小計 ①＋②) 合計		100 %
11	¥ 4,955,552,598 ÷ 624,597 =	%	%
12	¥ 8,293,399,650 ÷ 87,015 =	%	%
13	¥ 3,468,537,578 ÷ 56,489 =	%	%
14	¥ 2,230,064,061 ÷ 39,261 =	%	%
15	¥ 525,862,820 ÷ 18,340 =	%	%
	No.11～No.15 小計 ③	100 %	
16	¥ 41,781,273 ÷ 907.12 =	%	%
17	¥ 94,717 ÷ 0.2953 =	%	%
18	¥ 886,476 ÷ 45.608 =	%	%
19	¥ 57,675 ÷ 0.73824 =	%	%
20	¥ 2,709 ÷ 0.03176 =	%	%
	No.16～No.20 小計 ④	100 %	
	(小計 ③＋④) 合計		100 %

主催　公益社団法人　全国経理教育協会　　後援　文部科学省

第15回電卓計算能力検定模擬試験

1級　乗算問題　(制限時間10分)

採　点　欄

(注意) 無名数で小数第5位未満の端数が出たとき、名数で円位未満の端数が出たとき、パーセントの小数第2位未満の端数が出たときは四捨五入すること。

受験番号

No.	問題					
1	631, 852	×	47, 069	=	%	%
2	519, 026	×	89, 250	=	%	%
3	952, 417	×	56, 478	=	%	%
4	384, 760	×	30, 172	=	%	%
5	40, 983	×	214, 386	=	%	%
	No.1～No.5　小　計 ①				100 %	
6	8. 346501	×	62. 41	=	%	%
7	0. 175394	×	0. 05937	=	%	%
8	0. 068279	×	7, 169. 5	=	%	%
9	7, 031. 25	×	0. 93804	=	%	%
10	29. 7648	×	1. 8523	=	%	%
	No.6～No.10　小　計 ②				100 %	
	(小計 ①＋②) 合　計					100 %
11	¥ 670, 921	×	53, 489	=	%	%
12	¥ 7, 304, 859	×	1, 324	=	%	%
13	¥ 285, 643	×	76, 531	=	%	%
14	¥ 493, 215	×	98, 740	=	%	%
15	¥ 156, 790	×	60, 258	=	%	%
	No.11～No.15　小　計 ③				100 %	
16	¥ 249, 107	×	0. 09217	=	%	%
17	¥ 52, 086	×	351. 062	=	%	%
18	¥ 980, 534	×	0. 84903	=	%	%
19	¥ 817, 632	×	0. 46875	=	%	%
20	¥ 361, 478	×	2. 7196	=	%	%
	No.16～No.20　小　計 ④				100 %	
	(小計 ③＋④) 合　計					100 %

主催　公益社団法人　全国経理教育協会　　後援　文部科学省

第14回電卓計算能力検定模擬試験

1 級　複合算問題　(制限時間10分)

採　点　欄

(注意) 小数第3位未満の端数が出たときは切り捨てること。ただし、端数処理は1題の解答について行うのではなく、1計算ごとに行うこと。

受験番号

No.	
1	(342. 757 ÷ 0. 90637) × (93. 642 ÷ 40. 867) =
2	(435, 286. 019 ÷ 596. 823) ÷ (67. 159 ÷ 23. 489) =
3	(809, 325 − 372, 681) × (208, 641 + 417, 236) =
4	432, 101, 235, 720 ÷ 859, 672 + 546, 238 × 719, 650 =
5	902, 641 × 629, 364 − 184, 284, 472, 273 ÷ 862, 541 =
6	342, 876 × 845, 132 + 688, 821, 464, 234 ÷ 981, 746 =
7	347. 691 ÷ 0. 081749 − 790. 354 ÷ 0. 467159 =
8	950, 132 × 162, 857 − 673, 810 × 946, 705 =
9	(595, 428 + 389, 645) × (431, 706 + 529, 834) =
10	(352, 498 + 581, 670) × (782, 945 − 206, 458) =
11	(10, 476, 132 + 52, 063, 468) ÷ (568, 937 + 334, 188) =
12	(105. 839 × 94. 385) ÷ (968. 526 ÷ 0. 892734) =
13	(253, 714 + 691, 286) × (174, 193 + 645, 807) =
14	(66, 499, 673 − 25, 608, 173) ÷ (467, 892 + 141, 483) =
15	(867, 430 − 125, 906) × (762, 438 − 209, 515) =
16	259, 013 × 768, 479 + 821, 695 × 197, 430 =
17	(718, 492, 610, 385 − 481, 023, 769, 041) ÷ (394, 180 − 715, 452) =
18	576, 961, 944, 306 ÷ 762, 938 + 373, 686, 968, 937 ÷ 572, 861 =
19	681, 094 × 253, 160 − 255, 709, 747, 181 ÷ 652, 043 =
20	(796, 644, 913, 097 − 421, 056, 328, 154) ÷ (817, 439 − 365, 042) =

主催　公益社団法人　全国経理教育協会　　後援　文部科学省

第14回電卓計算能力検定模擬試験

1級　見取算問題　（制限時間10分）

採　点　欄

受験番号

No.	（1）	（2）	（3）	（4）	（5）
1	¥ 9, 073, 168, 524	¥ 79, 860, 435	¥ 19, 024, 836	¥ 8, 207, 356	¥ 1, 087, 426, 539
2	27, 439, 806	93, 462, 801	−945, 862, 103	13, 978	91, 672, 053
3	4, 970, 138	8, 713, 520	8, 124, 765, 390	7, 053, 486, 291	−682, 541
4	102, 853, 679	536, 927, 840	−673, 458	314, 026, 759	−8, 952, 716, 430
5	582, 713	3, 024, 576, 198	7, 130, 542	97, 845, 032	−430, 958, 621
6	568, 230, 497	81, 495, 703	−1, 756, 049	9, 573, 016	−76, 503, 498
7	40, 521, 986	2, 148, 659	−2, 069, 837, 415	231, 904, 687	321, 790, 684
8	75, 134	5, 017, 638	2, 958, 631	1, 806, 429, 375	−2, 564, 187
9	6, 293, 718, 450	649, 051, 327	−36, 281, 570	265, 431	9, 247, 310
10	8, 642, 017	162, 534, 097	780, 395, 264	84, 697, 520	5, 401, 972
11	1, 426, 395	185, 263	−41, 927	5, 972, 634, 180	246, 073, 815
12	7, 419, 603, 582	96, 274	3, 492, 708	60, 891, 243	−38, 794
13	6, 157, 209	7, 208, 914	−52, 109, 786	7, 352, 814	63, 180, 259
14	852, 394, 760	2, 807, 359, 146	4, 507, 318, 962	5, 168, 409	8, 395, 706
15	35, 089, 641	4, 710, 639, 582	698, 574, 013	428, 710, 965	5, 704, 839, 162
計					

No.	（6）	（7）	（8）	（9）	（10）
1	¥ 58, 603, 192	¥ 780, 631, 524	¥ 89, 457	¥ 3, 461, 759, 028	¥ 1, 408, 726
2	70, 195, 483	56, 940, 371	−1, 307, 569	18, 462	493, 281, 560
3	7, 968, 230	9, 341, 052, 867	7, 608, 592, 143	4, 560, 389	67, 029, 845
4	481, 579	8, 497, 026	514, 963, 802	680, 432, 791	−35, 978
5	2, 384, 079, 615	364, 785	−97, 428, 310	72, 395, 140	−5, 680, 142, 739
6	168, 372, 054	462, 738, 950	62, 503, 781	3, 786, 259	9, 671, 385
7	5, 264, 908	29, 085, 143	3, 856, 249	5, 098, 241, 637	836, 950, 421
8	6, 502, 749, 138	7, 193, 602	−248, 170, 953	926, 174, 305	−12, 347, 890
9	6, 984, 721	59, 218	1, 935, 684, 720	10, 853, 972	3, 109, 482, 576
10	26, 743	8, 204, 761, 539	4, 269, 017	7, 406, 518	4, 726, 053
11	1, 530, 826	178, 243, 096	81, 045, 296	2, 705, 961, 834	−864, 137
12	8, 092, 415, 367	35, 129, 480	−736, 928	648, 123	−758, 203, 914
13	413, 852, 970	9, 507, 614	−4, 059, 827, 631	851, 379, 260	−6, 195, 402
14	947, 351, 062	6, 013, 974, 258	6, 371, 504	9, 820, 745	25, 730, 691
15	39, 047, 516	2, 816, 735	320, 614, 875	43, 017, 956	9, 074, 518, 263
計					

主催　公益社団法人　全国経理教育協会　　後援　文部科学省

第14回電卓計算能力検定模擬試験

1 級　除 算 問 題　(制限時間10分)

採　点　欄

(注意) 無名数で小数第5位未満の端数が出たとき、名数で円位未満の端数が出たとき、パーセントの小数第2位未満の端数が出たときは四捨五入すること。

受験番号

No.				
1	223,874,948 ÷ 21,356 =		%	%
2	4,684,154,268 ÷ 534,172 =		%	%
3	3,524,289,770 ÷ 68,713 =		%	%
4	1,199,776,560 ÷ 49,260 =		%	%
5	6,903,674,789 ÷ 70,589 =		%	%
	No.1～No.5 小計 ①		100 %	
6	0.4472881923 ÷ 16.895 =		%	%
7	39,850.42471 ÷ 92,401 =		%	%
8	1.84275 ÷ 0.3024 =		%	%
9	0.0285628664 ÷ 0.07938 =		%	%
10	6.553185619 ÷ 8.5647 =		%	%
	No.6～No.10 小計 ②		100 %	
	(小計 ①＋②) 合計			100 %
11	¥ 585,720,639 ÷ 12,069 =		%	%
12	¥ 1,247,490,426 ÷ 6,342 =		%	%
13	¥ 5,194,357,446 ÷ 95,874 =		%	%
14	¥ 3,678,874,780 ÷ 50,437 =		%	%
15	¥ 947,679,150 ÷ 39,710 =		%	%
	No.11～No.15 小計 ③		100 %	
16	¥ 65,900 ÷ 0.78125 =		%	%
17	¥ 4,252,721 ÷ 461.908 =		%	%
18	¥ 2,581,656 ÷ 84.291 =		%	%
19	¥ 541 ÷ 0.03586 =		%	%
20	¥ 17,088 ÷ 0.27653 =		%	%
	No.16～No.20 小計 ④		100 %	
	(小計 ③＋④) 合計			100 %

主催　公益社団法人　全国経理教育協会　　後援　文部科学省

第14回電卓計算能力検定模擬試験

1級　乗算問題　(制限時間10分)

採点欄

(注意) 無名数で小数第5位未満の端数が出たとき、名数で円位未満の端数が出たとき、パーセントの小数第2位未満の端数が出たときは四捨五入すること。

【禁無断転載】

受験番号

No.	問題		
1	45, 367 × 928, 741 =	%	%
2	501, 829 × 49, 260 =	%	%
3	873, 512 × 36, 905 =	%	%
4	216, 904 × 71, 584 =	%	%
5	394, 780 × 64, 837 =	%	%
	No. 1～No. 5 小計 ①	100 %	
6	15. 87036 × 2. 459 =	%	%
7	0. 659143 × 0. 07618 =	%	%
8	0. 028491 × 503. 72 =	%	%
9	740. 625 × 0. 13096 =	%	%
10	9. 36278 × 85. 123 =	%	%
	No. 6～No. 10 小計 ②	100 %	
	(小計 ①＋②) 合計		100 %
11	¥ 638, 470 × 10, 653 =	%	%
12	¥ 907, 213 × 32, 140 =	%	%
13	¥ 795, 184 × 94, 726 =	%	%
14	¥ 186, 592 × 45, 802 =	%	%
15	¥ 3, 542, 069 × 7, 981 =	%	%
	No. 11～No. 15 小計 ③	100 %	
16	¥ 59, 741 × 83. 9257 =	%	%
17	¥ 473, 056 × 670. 19 =	%	%
18	¥ 324, 608 × 0. 21875 =	%	%
19	¥ 261, 835 × 0. 04368 =	%	%
20	¥ 810, 927 × 0. 56934 =	%	%
	No. 16～No. 20 小計 ④	100 %	
	(小計 ③＋④) 合計		100 %

主催　公益社団法人　全国経理教育協会　　後援　文部科学省

第13回電卓計算能力検定模擬試験

1 級　複合算問題　（制限時間10分）

採　点　欄

（注意）小数第３位未満の端数が出たときは切り捨てること。ただし、端数処理は１題の解答について行うのではなく、１計算ごとに行うこと。

受験番号

No.	
1	(261, 439 ＋ 705, 843) × (889, 614 － 203, 755) ＝
2	137, 520 ＋ 698, 425 － 420, 673 × 819, 520 ＝
3	936, 857 × 587, 439 ＋ 763, 580, 050, 414 ÷ 948, 271 ＝
4	(898, 304, 994, 568 － 406, 381, 265, 497) ÷ (137, 420 － 654, 297) ＝
5	(925. 876 × 403. 528) ÷ (21. 549 ÷ 0. 48596) ＝
6	(64, 018, 054 － 26, 819, 754) ÷ (570, 677 － 173, 802) ＝
7	(48, 641, 642 ＋ 19, 038, 758) ÷ (691, 247 ＋ 149, 378) ＝
8	214, 753 × 760, 985 － 511, 552, 091, 056 ÷ 781, 904 ＝
9	427, 444, 423, 182 ÷ 857, 346 ＋ 757, 930, 183, 935 ÷ 768, 423 ＝
10	(392, 618. 571 ÷ 95. 701) ÷ (83. 072 ÷ 16. 489) ＝
11	8, 907. 461 ÷ 0. 081549 － 1, 983. 629 ÷ 0. 30479 ＝
12	(692, 470 － 268, 524) × (986, 173 － 208, 645) ＝
13	(728. 419 ÷ 0. 65902) × (234. 049 ÷ 345. 206) ＝
14	(504, 684 ＋ 329, 316) × (312, 798 ＋ 437, 202) ＝
15	572, 112, 392, 718 ÷ 948, 371 ＋ 294, 736 × 906, 451 ＝
16	(856, 493 － 310, 642) × (613, 472 ＋ 305, 948) ＝
17	(784, 319, 621, 075 － 532, 514, 818, 787) ÷ (934, 760 － 605, 314) ＝
18	304, 026 × 817, 950 － 231, 297, 273, 421 ÷ 574, 913 ＝
19	(314, 567 ＋ 167, 430) × (351, 928 ＋ 546, 037) ＝
20	162, 435 × 908, 743 ＋ 413, 985 × 826, 570 ＝

主催　公益社団法人　全国経理教育協会　　後援　文部科学省

第13回電卓計算能力検定模擬試験

1級　見取算問題 （制限時間10分）

採点欄

【禁無断転載】

受験番号

No.	(1)	(2)	(3)	(4)	(5)
1	¥ 2, 045, 639, 871	¥ 192, 456	¥ 2, 910, 874	¥ 67, 839	¥ 687, 209, 134
2	957, 246, 180	15, 608, 372	−43, 627	4, 756, 938, 102	21, 580, 793
3	4, 152, 937	32, 947, 805	1, 603, 274, 958	70, 852, 641	−73, 859, 640
4	60, 751, 293	4, 851, 769, 230	−57, 468, 301	2, 615, 940	−38, 276
5	8, 370, 546	6, 370, 284, 519	718, 506, 239	185, 790, 324	−671, 482
6	84, 932, 670	25, 169	−278, 635, 490	9, 276, 058	−1, 463, 527
7	17, 432	9, 810, 743	5, 289, 173	541, 893, 720	8, 126, 059
8	473, 068, 951	9, 061, 854, 327	64, 057, 319	6, 208, 149, 573	−490, 327, 815
9	5, 129, 403, 768	504, 721, 896	−9, 368, 042	319, 264	913, 085, 467
10	2, 846, 509	86, 379, 450	−3, 026, 194, 785	23, 701, 486	9, 745, 310
11	13, 795, 086	8, 273, 561	−852, 416	963, 507, 182	−8, 235, 017, 649
12	6, 109, 825	729, 401, 683	890, 741, 652	34, 065, 918	5, 948, 206
13	584, 312	243, 095, 187	−6, 537, 091	8, 095, 423, 761	56, 394, 021
14	390, 268, 714	4, 562, 038	9, 431, 825, 760	7, 630, 495	3, 704, 512, 968
15	7, 801, 423, 659	7, 136, 904	42, 019, 583	1, 284, 357	1, 062, 934, 785
計					

No.	(6)	(7)	(8)	(9)	(10)
1	¥ 618, 049, 372	¥ 49, 820, 571	¥ 53, 478, 012	¥ 3, 607, 815, 492	¥ 8, 402, 716, 593
2	923, 167, 580	1, 763, 802	21, 569	94, 273	−690, 157, 328
3	85, 321, 607	690, 432, 715	−149, 652, 870	25, 067, 189	−79, 214
4	735, 814	7, 028, 591, 463	6, 830, 495	1, 630, 954	4, 521, 609
5	54, 093, 628	347, 986	9, 508, 163, 247	834, 926, 510	17, 204, 835
6	201, 459, 768	2, 916, 038	1, 825, 376	4, 059, 382, 761	958, 643, 072
7	1, 037, 248, 956	58, 647	432, 097, 615	6, 579, 028	−2, 761, 438, 950
8	82, 794	13, 524, 890	−5, 240, 793	570, 168, 932	−3, 180, 967
9	9, 637, 521	974, 085, 321	−89, 674, 102	3, 295, 647	75, 932, 840
10	7, 490, 628, 135	8, 109, 236, 574	2, 861, 703, 459	98, 713, 460	2, 345, 681
11	42, 973, 086	265, 307, 189	78, 259, 630	1, 947, 520, 836	−879, 465
12	3, 576, 814, 290	6, 495, 012	390, 587, 124	716, 842, 305	−46, 081, 357
13	1, 596, 403	38, 061, 457	−934, 861	8, 039, 741	5, 034, 762, 198
14	6, 350, 241	5, 483, 179, 620	−6, 027, 315, 948	451, 278	389, 610, 524
15	4, 705, 819	7, 653, 249	4, 106, 387	62, 104, 853	1, 293, 706
計					

主催　公益社団法人　全国経理教育協会　　後援　文部科学省

第13回電卓計算能力検定模擬試験

1級　除算問題　(制限時間10分)

採　点　欄

(注意) 無名数で小数第5位未満の端数が出たとき、名数で円位未満の端数が出たとき、パーセントの小数第2位未満の端数が出たときは四捨五入すること。

【禁無断転載】

受験番号

No.				
1	1,416,142,880 ÷ 16,480 =		%	%
2	820,505,309 ÷ 39,871 =		%	%
3	3,727,146,280 ÷ 50,123 =		%	%
4	2,284,248,236 ÷ 43,259 =		%	%
5	5,707,799,685 ÷ 927,645 =		%	%
	No.1～No.5　小　計 ①		100 %	
6	8.623030972 ÷ 65.894 =		%	%
7	0.0375645241 ÷ 0.09518 =		%	%
8	1.30815 ÷ 0.2736 =		%	%
9	0.6135461823 ÷ 8.4067 =		%	%
10	65,342.38821 ÷ 71,302 =		%	%
	No.6～No.10　小　計 ②		100 %	
	(小計 ①＋②) 合　計			100 %
11	¥ 3,006,816,004 ÷ 70,156 =		%	%
12	¥ 8,125,598,416 ÷ 8,762 =		%	%
13	¥ 3,489,894,215 ÷ 41,089 =		%	%
14	¥ 4,883,551,920 ÷ 63,920 =		%	%
15	¥ 1,842,591,470 ÷ 52,391 =		%	%
	No.11～No.15　小　計 ③		100 %	
16	¥ 3,464 ÷ 0.05437 =		%	%
17	¥ 608,388 ÷ 381.204 =		%	%
18	¥ 86,242 ÷ 0.96875 =		%	%
19	¥ 1,506,653 ÷ 29.748 =		%	%
20	¥ 4,118 ÷ 0.14653 =		%	%
	No.16～No.20　小　計 ④		100 %	
	(小計 ③＋④) 合　計			100 %

主催　公益社団法人　全国経理教育協会　　後援　文部科学省

第13回電卓計算能力検定模擬試験

1級　乗算問題　（制限時間10分）

採点欄

（注意）無名数で小数第５位未満の端数が出たとき、名数で円位未満の端数が出たとき、パーセントの小数第２位未満の端数が出たときは四捨五入すること。

受験番号

No.						
1	897, 251	×	69, 483	=	%	%
2	9, 520, 834	×	8, 207	=	%	%
3	764, 182	×	53, 760	=	%	%
4	243, 506	×	10, 924	=	%	%
5	316, 790	×	74, 815	=	%	%
No. 1～No. 5　小　計 ①					100 %	
6	0. 072468	×	950. 31	=	%	%
7	0. 438017	×	0. 21596	=	%	%
8	6. 09375	×	0. 08352	=	%	%
9	51. 649	×	37. 2648	=	%	%
10	185. 923	×	4. 6179	=	%	%
No. 6～No. 10　小　計 ②					100 %	
(小計 ①＋②) 合　計						100 %
11	¥ 486, 213	×	85, 170	=	%	%
12	¥ 351, 904	×	24, 386	=	%	%
13	¥ 109, 857	×	36, 492	=	%	%
14	¥ 68, 792	×	719, 058	=	%	%
15	¥ 523, 640	×	97, 561	=	%	%
No. 11～No. 15　小　計 ③					100 %	
16	¥ 8, 602, 379	×	1. 947	=	%	%
17	¥ 730, 528	×	0. 40625	=	%	%
18	¥ 147, 036	×	0. 58239	=	%	%
19	¥ 295, 481	×	0. 02713	=	%	%
20	¥ 974, 165	×	63. 804	=	%	%
No. 16～No. 20　小　計 ④					100 %	
(小計 ③＋④) 合　計						100 %

主催　公益社団法人　全国経理教育協会　　後援　文部科学省

採　点　欄

第12回電卓計算能力検定模擬試験

1級　複合算問題　(制限時間10分)

(注意) 小数第３位未満の端数が出たときは切り捨てること。ただし、端数処理は１題の解答について行うのではなく、１計算ごとに行うこと。

受験番号

No.	
1	(547, 298 ＋ 254, 702) × (279, 163 ＋ 615, 837) ＝
2	(184, 962 ＋ 699, 189) × (301, 297 － 984, 826) ＝
3	602, 843 × 809, 165 － 252, 841, 916, 324 ÷ 628, 391 ＝
4	(837, 785, 042, 160 － 409, 726, 829, 304) ÷ (378, 190 ＋ 240, 613) ＝
5	(587, 396. 241 ÷ 179. 351) ÷ (996. 832 ÷ 124. 678) ＝
6	230, 754 × 819, 206 － 640, 052, 323, 410 ÷ 794, 865 ＝
7	1, 759. 821 ÷ 0. 052971 － 498. 206 ÷ 0. 95739 ＝
8	(951, 302 － 318, 796) × (964, 758 － 419, 585) ＝
9	634, 529 × 570, 463 － 145, 239 × 408, 710 ＝
10	(860. 635 × 904. 357) ÷ (638. 259 ÷ 0. 77164) ＝
11	(46, 871, 663 ＋ 12, 064, 837) ÷ (475, 186 ＋ 509, 189) ＝
12	(301, 527 ＋ 612, 930) × (982, 763 － 151, 608) ＝
13	238, 281, 394, 884 ÷ 593, 682 ＋ 846, 795 × 342, 876 ＝
14	480, 615, 326, 289 ÷ 784, 623 ＋ 577, 754, 071, 131 ÷ 840, 317 ＝
15	318, 965 × 756, 810 ＋ 704, 318 × 873, 902 ＝
16	838, 056, 127, 176 ÷ 928, 734 ＋ 804, 365 × 306, 721 ＝
17	(722, 701, 330, 000 － 432, 409, 618, 796) ÷ (536, 841 － 217, 394) ＝
18	(723, 046 － 140, 539) × (754, 362 ＋ 173, 960) ＝
19	(905. 467 ÷ 0. 037298) × (80. 804 ÷ 42. 653) ＝
20	(57, 068, 918 － 23, 769, 518) ÷ (108, 547 － 505, 422) ＝

主催　公益社団法人　全国経理教育協会　　後援　文部科学省

第12回電卓計算能力検定模擬試験

1級　見取算問題　（制限時間10分）

採　点　欄

受験番号

No.	(1)	(2)	(3)	(4)	(5)
1	¥ 85, 074, 639	¥ 6, 987, 431, 250	¥ 53, 179, 046	¥ 1, 803, 762	¥ 680, 517, 234
2	97, 512	8, 045, 261, 973	−280, 643, 159	635, 920, 847	43, 609, 581
3	5, 628, 730, 914	1, 852, 937	9, 853, 207	40, 265, 138	−59, 028, 173
4	397, 106, 248	3, 186, 029	−84, 692	61, 958	−8, 143, 652
5	4, 219, 085	90, 547, 318	6, 428, 910, 573	8, 957, 436, 210	−196, 427
6	5, 873, 194	925, 746	−6, 230, 795	3, 068, 152, 479	831, 567, 940
7	914, 357, 026	479, 308, 621	−41, 829, 650	210, 948, 637	3, 871, 602
8	73, 295, 860	7, 103, 269, 584	1, 524, 387	92, 507, 861	−764, 015, 839
9	2, 059, 481, 673	6, 785, 102	−9, 502, 786, 413	514, 392	1, 072, 394, 568
10	6, 540, 381	528, 316, 407	374, 601, 528	4, 691, 705	5, 782, 069
11	60, 421, 758	16, 843, 590	−365, 174	9, 387, 524	−9, 416, 258, 370
12	4, 801, 952, 367	32, 094, 875	862, 037, 941	3, 479, 016	3, 508, 924, 716
13	2, 614, 903	250, 639, 481	−5, 408, 719	76, 054, 283	27, 930, 485
14	137, 568, 420	4, 670, 139	7, 093, 512, 468	129, 735, 480	2, 470, 391
15	783, 296	74, 265	17, 296, 830	5, 704, 826, 391	−49, 256
計					

No.	(6)	(7)	(8)	(9)	(10)
1	¥ 680, 245, 173	¥ 1, 706, 853, 249	¥ 739, 026, 481	¥ 80, 347, 915	¥ 3, 418, 692
2	21, 645, 087	439, 651	−5, 197, 046	9, 816, 205, 374	428, 309, 715
3	306, 472, 598	8, 925, 076	23, 059, 678	279, 514, 830	−72, 980, 564
4	29, 713	362, 108, 495	8, 106, 724, 593	5, 670, 189	9, 531, 820
5	6, 910, 432	93, 247, 580	1, 562, 834	38, 647	5, 107, 246, 938
6	59, 138, 470	6, 571, 342	−948, 375, 260	7, 604, 981, 253	13, 625, 407
7	4, 037, 861, 529	2, 041, 756, 938	57, 483, 210	1, 827, 509	−865, 049, 173
8	5, 394, 806	5, 482, 703	−397, 642	459, 068, 721	−63, 289
9	4, 612, 789	830, 264, 179	−6, 094, 271, 358	63, 710, 942	−2, 796, 834, 150
10	7, 562, 183, 940	74, 829, 015	2, 815, 036	8, 542, 396	−4, 157, 068
11	98, 520, 164	16, 834	480, 136, 529	5, 027, 396, 418	37, 601, 495
12	1, 273, 894, 605	9, 603, 781	82, 197	32, 465, 190	640, 293, 817
13	357, 216	4, 915, 387, 620	−19, 640, 785	140, 829, 563	−582, 746
14	849, 076, 235	58, 092, 167	7, 954, 301	6, 153, 072	1, 720, 359
15	8, 709, 351	627, 140, 593	3, 561, 208, 974	784, 236	9, 085, 476, 231
計					

主催　公益社団法人　全国経理教育協会　　後援　文部科学省

第12回電卓計算能力検定模擬試験

1級　除算問題　（制限時間10分）

採　点　欄

（注意）無名数で小数第5位未満の端数が出たとき、名数で円位未満の端数が出たとき、パーセントの小数第2位未満の端数が出たときは四捨五入すること。

受験番号

No.	問題			
1	4,070,740,644 ÷ 80,139 =		%	%
2	2,282,394,390 ÷ 92,517 =		%	%
3	5,417,873,385 ÷ 63,485 =		%	%
4	900,146,020 ÷ 46,790 =		%	%
5	2,287,184,922 ÷ 357,261 =		%	%
	No.1～No.5　小　計 ①		100 %	
6	0.1038666773 ÷ 2.8953 =		%	%
7	46.15161952 ÷ 0.5024 =		%	%
8	29,299.65741 ÷ 71,342 =		%	%
9	0.0355721991 ÷ 0.04876 =		%	%
10	74.14706094 ÷ 196.08 =		%	%
	No.6～No.10　小　計 ②		100 %	
	（小計 ①＋②）合　計			100 %
11	¥ 569,066,778 ÷ 1,206 =		%	%
12	¥ 3,831,530,040 ÷ 96,318 =		%	%
13	¥ 937,467,858 ÷ 57,034 =		%	%
14	¥ 2,833,894,140 ÷ 29,140 =		%	%
15	¥ 1,814,014,608 ÷ 76,852 =		%	%
	No.11～No.15　小　計 ③		100 %	
16	¥ 33,746 ÷ 0.64789 =		%	%
17	¥ 5,924,474 ÷ 810.543 =		%	%
18	¥ 6,117 ÷ 0.09375 =		%	%
19	¥ 40,999 ÷ 0.45297 =		%	%
20	¥ 3,251,683 ÷ 38.621 =		%	%
	No.16～No.20　小　計 ④		100 %	
	（小計 ③＋④）合　計			100 %

主催　公益社団法人　全国経理教育協会　　後援　文部科学省

第12回電卓計算能力検定模擬試験

1級　乗算問題　(制限時間10分)

採点欄

(注意) 無名数で小数第5位未満の端数が出たとき、名数で円位未満の端数が出たとき、パーセントの小数第2位未満の端数が出たときは四捨五入すること。

受験番号

No.	問題		
1	923, 710 × 35, 094 =	%	%
2	738, 504 × 64, 123 =	%	%
3	849, 267 × 70, 265 =	%	%
4	5, 690, 831 × 9, 518 =	%	%
5	257, 146 × 43, 780 =	%	%
	No. 1～No. 5　小　計 ①	100 %	
6	4. 15682 × 17. 359 =	%	%
7	0. 076958 × 0. 51946 =	%	%
8	0. 62093 × 872. 401 =	%	%
9	18. 4375 × 0. 06832 =	%	%
10	301. 429 × 2. 8697 =	%	%
	No. 6～No.10　小　計 ②	100 %	
	(小計 ①＋②) 合　計		100 %
11	¥ 273, 659 × 30, 791 =	%	%
12	¥ 389, 120 × 98, 256 =	%	%
13	¥ 605, 374 × 52, 860 =	%	%
14	¥ 42, 701 × 215, 348 =	%	%
15	¥ 916, 485 × 67, 413 =	%	%
	No.11～No.15　小　計 ③	100 %	
16	¥ 7, 034, 812 × 10. 89 =	%	%
17	¥ 827, 936 × 0. 03125 =	%	%
18	¥ 158, 063 × 7. 6904 =	%	%
19	¥ 961, 548 × 0. 49537 =	%	%
20	¥ 540, 297 × 0. 84672 =	%	%
	No.16～No.20　小　計 ④	100 %	
	(小計 ③＋④) 合　計		100 %

主催　公益社団法人　全国経理教育協会　　後援　文部科学省

第11回電卓計算能力検定模擬試験

1 級　複合算問題　（制限時間10分）

採点欄

（注意）小数第３位未満の端数が出たときは切り捨てること。ただし、端数処理は１題の解答について行うのではなく、１計算ごとに行うこと。

受験番号

No.	
1	(796, 441, 637, 419 − 371, 756, 986, 501) ÷ (716, 980 − 258, 049) =
2	(725. 697 × 19. 657) ÷ (574. 821 ÷ 0. 895321) =
3	(176, 492 ＋ 508, 139) × (205, 387 ＋ 346, 178) =
4	213, 458 × 901, 847 − 239, 263, 816, 885 ÷ 564, 721 =
5	239, 891, 635, 544 ÷ 594, 362 ＋ 827, 345 × 309, 184 =
6	(85, 856, 856 − 24, 378, 156) ÷ (251, 668 ＋ 695, 207) =
7	(873, 945 − 213, 654) × (894, 839 − 105, 296) =
8	(45, 326, 814 ＋ 32, 226, 036) ÷ (660, 768 ＋ 286, 107) =
9	344, 556, 835, 311 ÷ 960, 713 ＋ 437, 019, 863, 577 ÷ 852, 973 =
10	(937. 621 ÷ 0. 56243) × (702. 853 ÷ 17. 629) =
11	580. 123 ÷ 0. 042569 − 806. 126 ÷ 0. 096405 =
12	(786, 557, 644, 820 − 104, 629, 837, 632) ÷ (124, 576 − 862, 340) =
13	(385, 921. 467 ÷ 63. 901) ÷ (96. 371 ÷ 40. 593) =
14	584, 109 × 764, 310 − 342, 365, 658, 570 ÷ 682, 735 =
15	(964, 835 − 715, 320) × (109, 542 ＋ 438, 718) =
16	435, 260 × 809, 715 − 907, 683 × 795, 182 =
17	(617, 542 ＋ 187, 458) × (360, 854 ＋ 553, 146) =
18	342, 986 × 809, 725 ＋ 465, 012, 828, 732 ÷ 768, 314 =
19	(189, 058 ＋ 637, 524) × (684, 259 − 137, 950) =
20	618, 043 × 413, 658 ＋ 527, 934 × 964, 782 =

主催　公益社団法人　全国経理教育協会　　後援　文部科学省

第11回電卓計算能力検定模擬試験

1級　見取算問題　（制限時間10分）

採　点　欄

受験番号

No.	（1）	（2）	（3）	（4）	（5）
1	¥ 695, 823	¥ 48, 219, 306	¥ 5, 801, 372, 694	¥ 128, 607, 453	¥ 1, 026, 753, 894
2	8, 714, 536	4, 281, 590	−3, 129, 460, 785	4, 905, 786, 123	7, 631, 205
3	3, 917, 586, 240	7, 395, 620	490, 816, 237	7, 294, 610	−7, 946, 125, 380
4	5, 081, 432, 679	2, 796, 804	−247, 039, 518	2, 084, 591, 376	−13, 268
5	239, 807, 164	6, 458, 109, 273	82, 153, 409	52, 763, 094	−8, 259, 430
6	7, 435, 021	623, 518	−725, 896	749, 831, 502	−694, 872
7	840, 352, 716	93, 627, 048	36, 204, 857	26, 981	2, 538, 907
8	71, 698	179, 506, 432	8, 345, 061	5, 310, 467, 829	−91, 567, 048
9	96, 520, 487	58, 721	−4, 681, 370	91, 320, 687	574, 810, 629
10	4, 658, 901	8, 902, 431, 765	−68, 923	8, 642, 395	−312, 408, 976
11	479, 061, 382	320, 514, 679	−9, 571, 642	6, 370, 145	2, 807, 964, 351
12	1, 603, 847, 295	516, 074, 839	5, 947, 108	3, 852, 760	450, 382, 791
13	62, 109, 538	85, 340, 167	−16, 230, 759	145, 938	35, 476, 012
14	21, 943, 057	1, 843, 957	761, 593, 024	65, 918, 074	9, 846, 153
15	5, 294, 703	7, 031, 962, 485	6, 053, 428, 971	874, 039, 251	63, 097, 514
計					

No.	（6）	（7）	（8）	（9）	（10）
1	¥ 758, 301, 926	¥ 8, 093, 126, 547	¥ 2, 346, 089	¥ 1, 932, 506	¥ 68, 194, 273
2	951, 703	9, 457, 102	−185, 973	5, 607, 294, 318	−756, 319
3	362, 075, 148	315, 468	420, 758, 691	6, 158, 740	95, 421, 037
4	3, 856, 214	530, 892, 617	9, 085, 316, 247	82, 371, 095	1, 379, 680
5	29, 184, 057	71, 238, 069	7, 865, 314	35, 471	−2, 607, 153, 498
6	23, 681	6, 384, 709, 521	64, 971, 032	253, 017, 864	−43, 612, 905
7	8, 974, 502, 316	2, 684, 790	−392, 704, 586	98, 643, 207	859, 704, 123
8	7, 694, 530	45, 926	−41, 527, 809	1, 025, 864, 793	2, 538, 647
9	14, 628, 097	165, 073, 284	7, 506, 943, 128	4, 387, 629	−580, 942, 761
10	81, 270, 439	8, 456, 731	8, 614, 950	249, 085	9, 174, 063, 582
11	4, 038, 167, 952	4, 203, 768, 915	32, 467	740, 526, 913	−87, 304
12	5, 106, 239, 874	746, 901, 382	673, 029, 815	9, 658, 130	−6, 420, 851
13	5, 749, 608	21, 394, 058	−9, 253, 401	3, 972, 180, 456	735, 918, 260
14	690, 413, 285	5, 239, 870	−2, 817, 490, 536	65, 479, 182	4, 895, 026
15	9, 342, 765	17, 560, 493	58, 631, 720	814, 703, 269	3, 018, 267, 495
計					

主催　公益社団法人　全国経理教育協会　　後援　文部科学省

第11回電卓計算能力検定模擬試験

1級　除算問題　(制限時間10分)

(注意) 無名数で小数第5位未満の端数が出たとき、名数で円位未満の端数が出たとき、パーセントの小数第2位未満の端数が出たときは四捨五入すること。

採点欄

受験番号

No.			
1	3,805,552,400 ÷ 54,160 =	%	%
2	4,070,015,264 ÷ 78,596 =	%	%
3	5,762,933,678 ÷ 90,742 =	%	%
4	753,432,918 ÷ 162,834 =	%	%
5	1,119,616,230 ÷ 29,317 =	%	%
	No.1〜No.5 小計 ①	100 %	
6	171.446 ÷ 0.6875 =	%	%
7	69.34133333 ÷ 432.09 =	%	%
8	0.2970728671 ÷ 3.7458 =	%	%
9	0.0505726819 ÷ 0.05921 =	%	%
10	75,269.77318 ÷ 81,063 =	%	%
	No.6〜No.10 小計 ②	100 %	
	(小計 ①＋②) 合計		100 %
11	¥ 2,119,622,050 ÷ 30,485 =	%	%
12	¥ 1,269,582,660 ÷ 46,170 =	%	%
13	¥ 6,551,163,932 ÷ 71,926 =	%	%
14	¥ 5,463,327,126 ÷ 62,859 =	%	%
15	¥ 1,881,108,198 ÷ 5,013 =	%	%
	No.11〜No.15 小計 ③	100 %	
16	¥ 593 ÷ 0.03284 =	%	%
17	¥ 6,027,046 ÷ 836.791 =	%	%
18	¥ 39,572 ÷ 0.97408 =	%	%
19	¥ 12,009 ÷ 0.19562 =	%	%
20	¥ 1,302,383 ÷ 24.357 =	%	%
	No.16〜No.20 小計 ④	100 %	
	(小計 ③＋④) 合計		100 %

主催　公益社団法人　全国経理教育協会　　後援　文部科学省

第11回電卓計算能力検定模擬試験

1級　乗算問題　(制限時間10分)

(注意) 無名数で小数第５位未満の端数が出たとき、名数で円位未満の端数が出たとき、パーセントの小数第２位未満の端数が出たときは四捨五入すること。

採点欄

【禁無断転載】

受験番号

No.	問題					
1	617, 840	×	23, 756	=	%	%
2	39, 127	×	690, 534	=	%	%
3	458, 739	×	84, 162	=	%	%
4	802, 451	×	57, 018	=	%	%
5	290, 365	×	31, 980	=	%	%
No. 1～No. 5　小　計 ①					100 %	
6	96. 7058	×	156. 29	=	%	%
7	0. 594213	×	0. 06847	=	%	%
8	0. 081736	×	4, 820. 3	=	%	%
9	7. 629504	×	0. 9375	=	%	%
10	136. 482	×	7. 2491	=	%	%
No. 6～No. 10　小　計 ②					100 %	
(小計 ①＋②) 合　計						100 %
11	¥ 410, 286	×	79, 610	=	%	%
12	¥ 5, 291, 678	×	4, 095	=	%	%
13	¥ 785, 930	×	63, 824	=	%	%
14	¥ 609, 453	×	98, 257	=	%	%
15	¥ 173, 542	×	21, 483	=	%	%
No. 11～No. 15　小　計 ③					100 %	
16	¥ 932, 064	×	35. 941	=	%	%
17	¥ 854, 901	×	0. 07139	=	%	%
18	¥ 26, 387	×	1, 463. 08	=	%	%
19	¥ 678, 125	×	0. 86752	=	%	%
20	¥ 340, 719	×	0. 50276	=	%	%
No. 16～No. 20　小　計 ④					100 %	
(小計 ③＋④) 合　計						100 %

主催　公益社団法人　全国経理教育協会　　後援　文部科学省

第10回電卓計算能力検定模擬試験

1級　複合算問題　(制限時間10分)

(注意) 小数第3位未満の端数が出たときは切り捨てること。ただし、端数処理は1題の解答について行うのではなく、1計算ごとに行うこと。

採点欄

受験番号

No.	
1	378, 942 ＋ 530, 862 － 548, 613 × 802, 970 ＝
2	241, 803, 915, 201 ÷ 604, 179 ＋ 336, 602, 131, 686 ÷ 795, 462 ＝
3	(154, 327. 698 ÷ 93. 276) ÷ (97. 812 ÷ 36. 921) ＝
4	854, 107 × 386, 410 － 525, 342, 974, 401 ÷ 764, 083 ＝
5	(416, 395 ＋ 265, 810) × (208, 347 ＋ 159, 648) ＝
6	(662, 941, 068, 098 － 384, 079, 152, 668) ÷ (723, 490 － 326, 905) ＝
7	(489. 731 ÷ 0. 37569) × (642. 043 ÷ 12. 857) ＝
8	943, 615 × 279, 453 ＋ 663, 576, 137, 826 ÷ 947, 618 ＝
9	548, 624, 254, 926 ÷ 972, 183 ＋ 689, 305 × 985, 614 ＝
10	(779, 751, 081, 550 － 406, 834, 176, 982) ÷ (453, 270 － 865, 134) ＝
11	(464. 197 × 802. 456) ÷ (15. 739 ÷ 0. 63297) ＝
12	(689, 104 － 529, 341) × (869, 217 － 208, 579) ＝
13	(214, 216 ＋ 609, 784) × (102, 978 ＋ 547, 022) ＝
14	324, 569 × 853, 745 ＋ 706, 284 × 613, 850 ＝
15	(129, 703 ＋ 714, 835) × (826, 052 － 419, 736) ＝
16	7, 065. 829 ÷ 0. 050831 － 5, 203. 691 ÷ 0. 26743 ＝
17	(81, 698, 754 － 15, 361, 854) ÷ (918, 744 － 240, 619) ＝
18	(50, 786, 213 ＋ 17, 356, 687) ÷ (325, 419 ＋ 483, 956) ＝
19	(971, 420 － 413, 987) × (439, 508 ＋ 512, 691) ＝
20	607, 362 × 728, 358 － 237, 210, 415, 875 ÷ 380, 465 ＝

主催　公益社団法人　全国経理教育協会　　後援　文部科学省

第10回電卓計算能力検定模擬試験

1級　見取算問題　(制限時間10分)

採　点　欄

【禁無断転載】

受験番号

No.	(1)	(2)	(3)	(4)	(5)
1	¥ 245, 069, 871	¥ 9, 178, 430	¥ 76, 589, 043	¥ 1, 287, 906	¥ 3, 652, 089
2	71, 539	28, 560	8, 197, 624	74, 512, 980	−14, 752
3	6, 138, 754, 290	16, 895, 273	−853, 794	8, 205, 394, 671	−693, 510, 748
4	8, 592, 603	9, 504, 127, 368	−4, 062, 318, 597	9, 786, 143	−8, 702, 549, 613
5	3, 947, 082	642, 013, 957	−9, 701, 382	468, 150, 732	6, 298, 307
6	518, 304	3, 469, 827	−13, 027	25, 349, 687	−5, 347, 601
7	6, 740, 128	8, 057, 432, 619	2, 109, 846, 375	3, 706, 591	41, 265, 970
8	91, 326, 745	260, 745, 189	−26, 934, 150	9, 037, 621, 845	1, 385, 729
9	483, 207, 956	31, 970, 845	−397, 605, 248	680, 145, 279	964, 053, 182
10	5, 902, 638, 417	680, 314	1, 472, 865	73, 520	−497, 830
11	860, 924, 135	8, 251, 074	−580, 364, 271	356, 871, 094	510, 936, 827
12	4, 165, 723	3, 786, 214, 095	35, 078, 961	19, 260, 453	9, 804, 216
13	3, 051, 896, 472	492, 306, 751	7, 954, 120, 836	5, 194, 028, 367	27, 381, 546
14	79, 103, 568	74, 591, 236	613, 582, 409	2, 954, 308	−78, 123, 495
15	17, 480, 296	5, 683, 902	5, 249, 610	432, 816	2, 038, 471, 569
計					

No.	(6)	(7)	(8)	(9)	(10)
1	¥ 680, 427, 913	¥ 47, 158, 206	¥ 5, 031, 869, 742	¥ 8, 469, 031	¥ 284, 063, 791
2	457, 901, 362	618, 045, 723	720, 685, 314	2, 740, 635, 918	−7, 104, 865
3	1, 759, 482	3, 921, 568	−6, 904, 125	13, 254, 870	1, 542, 769, 308
4	9, 103, 257, 648	1, 052, 693, 874	42, 193, 087	95, 786	8, 236, 507
5	36, 482, 150	9, 345, 027	−12, 578, 960	561, 802, 349	−592, 173
6	238, 690	784, 295	68, 350, 947	6, 304, 587, 192	3, 419, 058
7	5, 176, 024	85, 490, 761	1, 635, 702	2, 941, 605	−41, 239
8	19, 840, 736	3, 298, 517, 640	−974, 012, 583	495, 076, 283	76, 380, 152
9	4, 870, 531	530, 874, 912	3, 168, 459	1, 693, 827	9, 852, 746
10	8, 395, 201	4, 132, 685	8, 605, 729, 134	37, 120, 954	−6, 053, 918, 472
11	7, 092, 613, 854	69, 103	9, 473, 820	9, 052, 814, 376	−896, 507, 214
12	5, 261, 943, 087	962, 701, 538	384, 591, 076	6, 278, 430	−31, 476, 029
13	29, 534, 768	26, 379, 480	26, 398	359, 712	4, 709, 625, 831
14	64, 975	7, 409, 236, 851	−4, 197, 380, 265	824, 701, 563	65, 834, 910
15	875, 062, 319	1, 460, 379	−247, 651	79, 568, 104	920, 347, 685
計					

主催　公益社団法人　全国経理教育協会　　後援　文部科学省

第10回電卓計算能力検定模擬試験

1級　除算問題　（制限時間10分）

（注意）無名数で小数第５位未満の端数が出たとき、名数で円位未満の端数が出たとき、パーセントの小数第２位未満の端数が出たときは四捨五入すること。

採点欄

【禁無断転載】

受験番号

No.	問題		
1	7,386,013,404 ÷ 931,284 =	%	%
2	864,373,785 ÷ 10,769 =	%	%
3	2,248,278,088 ÷ 79,148 =	%	%
4	3,058,627,460 ÷ 65,470 =	%	%
5	928,912,770 ÷ 28,503 =	%	%
	No.1～No.5　小　計 ①	100 %	
6	36.14655384 ÷ 56.931 =	%	%
7	0.0127340143 ÷ 0.02457 =	%	%
8	48.96795 ÷ 0.3625 =	%	%
9	84,270.70968 ÷ 89,012 =	%	%
10	0.3392214931 ÷ 4.7386 =	%	%
	No.6～No.10　小　計 ②	100 %	
	（小計 ①＋②）合　計		100 %
11	¥ 1,043,021,556 ÷ 209,358 =	%	%
12	¥ 498,332,835 ÷ 46,805 =	%	%
13	¥ 931,813,740 ÷ 15,730 =	%	%
14	¥ 5,249,598,444 ÷ 67,194 =	%	%
15	¥ 3,644,509,482 ÷ 98,463 =	%	%
	No.11～No.15　小　計 ③	100 %	
16	¥ 52,474,286 ÷ 85.42 =	%	%
17	¥ 6,489,499 ÷ 317.29 =	%	%
18	¥ 51,553 ÷ 0.53216 =	%	%
19	¥ 4,117 ÷ 0.04927 =	%	%
20	¥ 40,164 ÷ 0.76081 =	%	%
	No.16～No.20　小　計 ④	100 %	
	（小計 ③＋④）合　計		100 %

主催　公益社団法人　全国経理教育協会　　後援　文部科学省

第10回電卓計算能力検定模擬試験

1級　乗算問題　（制限時間10分）

（注意）無名数で小数第５位未満の端数が出たとき、名数で円位未満の端数が出たとき、パーセントの小数第２位未満の端数が出たときは四捨五入すること。

採点欄

受験番号

No.	問題					
1	785, 490	×	16, 837	=	%	%
2	837, 291	×	30, 462	=	%	%
3	340, 652	×	65, 719	=	%	%
4	268, 014	×	24, 580	=	%	%
5	59, 736	×	879, 205	=	%	%
	No. 1～No. 5　小　計 ①				100 %	
6	6. 01548	×	92. 671	=	%	%
7	0. 452367	×	0. 08193	=	%	%
8	0. 023189	×	413. 58	=	%	%
9	91. 46875	×	0. 7024	=	%	%
10	192. 703	×	5. 3946	=	%	%
	No. 6～No. 10　小　計 ②				100 %	
	(小計 ①＋②) 合　計					100 %
11	¥ 587, 410	×	63, 851	=	%	%
12	¥ 850, 723	×	97, 540	=	%	%
13	¥ 731, 269	×	82, 439	=	%	%
14	¥ 1, 296, 045	×	4, 267	=	%	%
15	¥ 968, 374	×	50, 986	=	%	%
	No. 11～No. 15　小　計 ③				100 %	
16	¥ 438, 592	×	0. 78125	=	%	%
17	¥ 895, 631	×	0. 06932	=	%	%
18	¥ 612, 057	×	2. 9418	=	%	%
19	¥ 21, 408	×	0. 351074	=	%	%
20	¥ 309, 746	×	1, 760. 3	=	%	%
	No. 16～No. 20　小　計 ④				100 %	
	(小計 ③＋④) 合　計					100 %

主催　公益社団法人　全国経理教育協会　　後援　文部科学省

第９回電卓計算能力検定模擬試験

１級　複合算問題　（制限時間10分）

採点欄

（注意）小数第３位未満の端数が出たときは切り捨てること。ただし、端数処理は１題の解答について行うのではなく、１計算ごとに行うこと。

【禁無断転載】

受験番号

No.	
1	(54, 754, 767 − 18, 345, 267) ÷ (384, 021 − 805, 896) =
2	(694, 358 − 417, 082) × (978, 653 − 304, 127) =
3	(805. 123 ÷ 0. 084375) × (39. 521 ÷ 0. 074863) =
4	(18, 620, 759 + 43, 810, 141) ÷ (541, 923 + 136, 202) =
5	(324, 756 + 660, 829) × (782, 005 − 134, 659) =
6	427, 603 × 519, 268 − 286, 963, 971, 215 ÷ 948, 751 =
7	(190, 705. 198 ÷ 176. 239) ÷ (501. 468 ÷ 259. 326) =
8	(576, 034 + 328, 966) × (198, 042 + 605, 958) =
9	853, 640 × 708, 195 − 415, 208 × 560, 293 =
10	(641, 964, 458, 067 − 281, 432, 314, 968) ÷ (748, 310 − 326, 597) =
11	9, 482. 509 ÷ 0. 095836 − 815. 276 ÷ 0. 24679 =
12	472, 047, 867, 591 ÷ 924, 817 + 881, 457, 705, 189 ÷ 978, 051 =
13	914, 276 × 701, 692 − 353, 625, 279, 225 ÷ 763, 415 =
14	756, 420 × 528, 693 + 234, 018, 356, 826 ÷ 581, 934 =
15	(906, 260, 225, 092 − 314, 029, 538, 674) ÷ (687, 104 + 149, 230) =
16	(187. 524 × 714. 931) ÷ (310. 852 ÷ 0. 57694) =
17	259, 591, 291, 021 ÷ 857, 963 + 726, 810 × 643, 908 =
18	(208, 625 + 683, 504) × (486, 957 − 812, 390) =
19	(798, 645 − 213, 450) × (532, 487 + 409, 182) =
20	307, 912 × 485, 620 + 657, 084 × 408, 239 =

主催　公益社団法人　全国経理教育協会　　後援　文部科学省

第9回電卓計算能力検定模擬試験

1級　見取算問題（制限時間10分）

採　点　欄

受験番号

No.	(1)	(2)	(3)	(4)	(5)
1	¥ 5, 761, 809	¥ 3, 896, 450	¥ 4, 801, 927, 356	¥ 9, 205, 168, 734	¥ 4, 709, 182, 536
2	427, 031, 568	8, 023, 714, 956	−39, 645, 021	74, 216	−76, 490, 825
3	9, 830, 524, 176	6, 452, 310, 789	145, 206, 837	52, 617, 980	2, 043, 617, 985
4	9, 482, 013	347, 168	7, 094, 182, 365	817, 042, 635	−29, 318
5	84, 659, 271	230, 971, 845	86, 372, 510	4, 936, 078	−320, 564, 971
6	8, 273, 405	41, 250, 693	−958, 630, 712	91, 530, 862	5, 289, 307
7	46, 357	71, 439, 082	−5, 610, 348, 297	380, 296, 475	−8, 736, 019
8	76, 918, 230	1, 704, 928, 536	2, 854, 976	7, 943, 501	−9, 813, 275, 064
9	3, 602, 875, 194	6, 298, 570	−1, 794, 608	6, 718, 394	136, 548, 290
10	198, 750, 642	2, 153, 497	69, 408, 123	1, 469, 385, 720	1, 956, 740
11	695, 432	9, 586, 017	−63, 542	251, 906	584, 763, 102
12	7, 045, 362, 981	967, 405, 321	276, 053, 489	6, 038, 425, 197	7, 348, 156
13	61, 908, 325	598, 061, 324	−7, 589, 031	576, 409, 382	92, 807, 453
14	259, 310, 748	72, 864	3, 291, 704	23, 581, 049	64, 031, 728
15	3, 147, 960	15, 687, 203	−417, 859	1, 874, 253	−451, 692
計					

No.	(6)	(7)	(8)	(9)	(10)
1	¥ 912, 054, 863	¥ 1, 895, 237	¥ 8, 695, 417	¥ 73, 925, 084	¥ 2, 076, 538, 491
2	891, 543, 026	892, 054, 163	59, 836, 204	5, 309, 682, 147	−32, 704, 165
3	465, 710, 298	53, 619, 042	784, 051, 629	3, 519, 406	−273, 810
4	6, 289, 703	9, 726, 350	−425, 178	67, 592	4, 819, 653
5	94, 372	3, 216, 940, 875	9, 417, 506, 382	284, 701, 369	−82, 437
6	57, 162, 940	170, 263, 548	360, 712, 849	5, 183, 790	−6, 927, 350, 841
7	7, 608, 351, 294	587, 109	7, 923, 508	8, 162, 074, 953	760, 195, 284
8	73, 406, 152	8, 632, 974	−829, 630, 157	17, 236, 805	41, 629, 038
9	29, 478, 315	4, 035, 921, 786	1, 078, 264, 935	951, 860, 274	−194, 863, 570
10	3, 046, 892, 517	64, 578, 019	6, 379, 024	4, 325, 968	−5, 497, 302
11	4, 573, 680	7, 164, 320	47, 613	38, 591, 042	8, 403, 256, 197
12	8, 315, 079	942, 306, 851	−92, 703, 851	7, 029, 458, 613	382, 510, 946
13	5, 638, 901	25, 418, 607	−5, 214, 360	6, 874, 130	9, 687, 513
14	127, 468	6, 509, 842, 713	31, 468, 095	247, 681	58, 061, 729
15	1, 580, 927, 436	37, 498	−2, 503, 189, 746	490, 316, 725	7, 942, 056
計					

主催　公益社団法人　全国経理教育協会　　後援　文部科学省

第９回電卓計算能力検定模擬試験

１級　除算問題　(制限時間10分)

採点欄

(注意) 無名数で小数第５位未満の端数が出たとき、名数で円位未満の端数が出たとき、パーセントの小数第２位未満の端数が出たときは四捨五入すること。

【禁無断転載】

受験番号

No.	問題		
1	1, 452, 001, 280 ÷ 14, 926 =	%	%
2	2, 828, 620, 242 ÷ 69, 734 =	%	%
3	2, 154, 004, 848 ÷ 80, 152 =	%	%
4	426, 373, 200 ÷ 32, 560 =	%	%
5	3, 953, 511, 639 ÷ 743, 281 =	%	%
	No. 1～No. 5　小　計 ①	100 %	
6	86. 88512967 ÷ 276. 19 =	%	%
7	35, 645. 17745 ÷ 51, 048 =	%	%
8	0. 4588 ÷ 9. 6875 =	%	%
9	0. 0623856823 ÷ 0. 08593 =	%	%
10	3. 514264216 ÷ 0. 4307 =	%	%
	No. 6～No. 10　小　計 ②	100 %	
	(小計 ① ＋ ②) 合　計		100 %
11	¥ 1, 091, 532, 253 ÷ 24, 983 =	%	%
12	¥ 866, 668, 660 ÷ 58, 630 =	%	%
13	¥ 5, 804, 221, 990 ÷ 70, 315 =	%	%
14	¥ 5, 617, 314, 029 ÷ 6, 197 =	%	%
15	¥ 1, 758, 634, 360 ÷ 49, 028 =	%	%
	No.11～No.15　小　計 ③	100 %	
16	¥ 409, 976 ÷ 173. 409 =	%	%
17	¥ 74, 425 ÷ 0. 95264 =	%	%
18	¥ 2, 969, 238 ÷ 31. 856 =	%	%
19	¥ 3, 346 ÷ 0. 06572 =	%	%
20	¥ 50, 537 ÷ 0. 82741 =	%	%
	No.16～No.20　小　計 ④	100 %	
	(小計 ③ ＋ ④) 合　計		100 %

主催　公益社団法人　全国経理教育協会　　後援　文部科学省

第9回電卓計算能力検定模擬試験

1級　乗算問題　(制限時間10分)

(注意) 無名数で小数第5位未満の端数が出たとき、名数で円位未満の端数が出たとき、パーセントの小数第2位未満の端数が出たときは四捨五入すること。

受験番号

採点欄

No.	問題					
1	512,403 × 76,249 =				%	%
2	721,590 × 69,058 =				%	%
3	930,682 × 43,760 =				%	%
4	48,157 × 150,824 =				%	%
5	384,769 × 27,931 =				%	%
	No.1～No.5 小計 ①				100 %	
6	29.58016 × 5.473 =				%	%
7	0.897534 × 0.02186 =				%	%
8	0.036241 × 91.307 =				%	%
9	6.09375 × 0.84512 =				%	%
10	17.4628 × 3.8695 =				%	%
	No.6～No.10 小計 ②				100 %	
	(小計 ①＋②) 合計					100 %
11	¥ 237,046 × 14,753 =				%	%
12	¥ 528,614 × 35,192 =				%	%
13	¥ 819,720 × 98,036 =				%	%
14	¥ 671,935 × 52,910 =				%	%
15	¥ 3,054,281 × 6,847 =				%	%
	No.11～No.15 小計 ③				100 %	
16	¥ 583,102 × 0.09278 =				%	%
17	¥ 76,459 × 836.704 =				%	%
18	¥ 194,368 × 0.40625 =				%	%
19	¥ 965,073 × 71.589 =				%	%
20	¥ 420,897 × 0.23461 =				%	%
	No.16～No.20 小計 ④				100 %	
	(小計 ③＋④) 合計					100 %

主催　公益社団法人　全国経理教育協会　　後援　文部科学省

第８回電卓計算能力検定模擬試験

採　点　欄

１　級　　複合算問題　（制限時間10分）

（注意）小数第３位未満の端数が出たときは切り捨てること。ただし、端数処理は１題の解答について行うのではなく、１計算ごとに行うこと。

【禁無断転載】

受験番号

No.	
1	457, 260 × 617, 983 ＋ 534, 658, 966, 697 ÷ 649, 513 ＝
2	(467. 129 ÷ 0. 38641) × (509. 421 ÷ 23. 859) ＝
3	749. 601 ÷ 0. 057623 － 35. 458 ÷ 0. 047839 ＝
4	448, 270, 427, 853 ÷ 982, 461 ＋ 585, 694, 227, 501 ÷ 695, 073 ＝
5	(150, 498 ＋ 712, 305) × (429, 578 ＋ 465, 831) ＝
6	649, 832 × 915, 720 － 643, 249, 774, 784 ÷ 875, 632 ＝
7	(847. 456 × 11. 089) ÷ (893. 784 ÷ 0. 905726) ＝
8	(685, 134 ＋ 242, 866) × (251, 789 ＋ 553, 211) ＝
9	571, 263 × 804, 928 ＋ 790, 586 × 189, 745 ＝
10	(589, 146, 518, 869 － 163, 278, 495, 372) ÷ (692, 853 － 178, 304) ＝
11	820, 436 × 519, 607 － 204, 959, 347, 080 ÷ 329, 864 ＝
12	(103, 258 ＋ 746, 905) × (918, 267 － 134, 092) ＝
13	(73, 597, 767 － 46, 853, 967) ÷ (167, 770 ＋ 329, 105) ＝
14	251, 522, 029, 910 ÷ 831, 574 ＋ 361, 425 × 754, 208 ＝
15	(26, 018, 354 ＋ 25, 578, 646) ÷ (103, 789 ＋ 505, 586) ＝
16	(727, 475, 411, 765 － 412, 857, 342, 534) ÷ (387, 695 － 724, 168) ＝
17	(902, 847 － 356, 472) × (853, 123 － 269, 810) ＝
18	314, 652 × 648, 790 － 735, 286 × 837, 640 ＝
19	(340, 216. 851 ÷ 17. 329) ÷ (92. 872 ÷ 93. 657) ＝
20	(901, 245 － 346, 128) × (478, 093 ＋ 201, 857) ＝

主催　公益社団法人　全国経理教育協会　　後援　文部科学省

第8回電卓計算能力検定模擬試験

1級　見取算問題　（制限時間10分）

採点欄

【禁無断転載】

受験番号

No.	(1)	(2)	(3)	(4)	(5)
1	¥ 6,108,592,347	¥ 264,157	¥ 716,259,038	¥ 1,374,205	¥ 1,976,324,580
2	943,058,261	74,158,920	−84,102,679	35,406,798	46,581,093
3	2,814,760	6,389,042	−1,875,692,304	8,267,541,930	5,173,826
4	37,910	93,754	−9,543,801	218,549	−27,439
5	19,375,402	9,730,124,586	3,861,542	650,893,127	9,617,350
6	560,973,182	692,051,473	−390,458,762	87,326,014	82,690,154
7	4,286,975	81,532,609	−2,915,076	9,302,684,157	−91,435,078
8	21,390,658	7,823,619	6,051,834,297	6,742,908	231,806,475
9	5,482,036	3,670,815	−47,623	523,970,461	−8,942,706
10	8,076,549,123	5,803,476,921	7,320,915	4,519,832	3,024,759,861
11	147,895	8,649,103	−586,743	49,851,076	560,319,247
12	3,289,614,507	324,918,570	48,036,159	178,032,695	−482,697
13	98,765,314	4,069,815,732	64,127,890	7,096,425,813	7,208,315
14	436,701,529	15,740,268	2,406,371,985	59,386	−7,405,961,238
15	7,628,043	246,507,398	925,708,431	3,167,240	−653,048,912
計					

No.	(6)	(7)	(8)	(9)	(10)
1	¥ 1,456,720	¥ 6,832,740	¥ 472,906,385	¥ 530,981,764	¥ 89,304,172
2	7,502,698,413	1,304,529,876	5,389,760	732,508	−960,218,534
3	9,032,647,185	863,270,594	91,872,056	6,082,147,395	−2,876,950
4	4,980,631	98,764,201	157,084,932	4,691,052	623,590,817
5	53,469,870	56,317	6,421,803	298,016,573	−1,039,687,425
6	85,723,014	7,198,045	3,501,248,697	17,538,290	4,526,309
7	197,204,568	4,210,635,879	−4,563,271	5,829,407	398,014,256
8	349,560,782	82,947,130	92,546	9,406,275,381	5,492,073
9	27,531,048	9,381,564	−842,607,319	63,148	−73,105,642
10	72,139	21,579,086	−69,174,028	361,704,925	87,961
11	6,823,905	5,038,612,497	−2,037,859,461	9,547,863	−631,784
12	314,697	652,407,183	18,430,952	78,412,036	2,401,768,395
13	4,870,935,261	3,954,602	3,765,104	8,754,329,610	7,251,438
14	8,157,296	263,951	−591,873	3,256,149	46,179,580
15	614,082,359	745,091,328	7,680,213,549	41,690,287	5,812,943,706
計					

主催　公益社団法人　全国経理教育協会　　後援　文部科学省

第８回電卓計算能力検定模擬試験

１級　除算問題　(制限時間10分)

採点欄

(注意) 無名数で小数第５位未満の端数が出たとき、名数で円位未満の端数が出たとき、パーセントの小数第２位未満の端数が出たときは四捨五入すること。

【禁無断転載】

受験番号

No.	問題		
1	2, 674, 467, 786 ÷ 61, 458 =	%	%
2	5, 164, 889, 829 ÷ 980, 241 =	%	%
3	3, 623, 680, 080 ÷ 53, 972 =	%	%
4	992, 355, 808 ÷ 32, 086 =	%	%
5	1, 392, 272, 160 ÷ 74, 310 =	%	%
	No.1～No.5 小計 ①	100 %	
6	0. 0746879548 ÷ 0. 07895 =	%	%
7	13, 024. 15523 ÷ 15, 769 =	%	%
8	36. 46055376 ÷ 46. 123 =	%	%
9	2. 099425 ÷ 0. 8504 =	%	%
10	0. 0410294497 ÷ 2. 9637 =	%	%
	No.6～No.10 小計 ②	100 %	
	(小計 ①＋②) 合計		100 %
11	¥ 3, 087, 512, 960 ÷ 47, 152 =	%	%
12	¥ 723, 473, 982 ÷ 1, 826 =	%	%
13	¥ 1, 042, 583, 836 ÷ 35, 749 =	%	%
14	¥ 4, 071, 505, 050 ÷ 84, 270 =	%	%
15	¥ 5, 301, 380, 216 ÷ 60, 913 =	%	%
	No.11～No.15 小計 ③	100 %	
16	¥ 66, 671 ÷ 0. 90625 =	%	%
17	¥ 487 ÷ 0. 03817 =	%	%
18	¥ 3, 825 ÷ 0. 769534 =	%	%
19	¥ 14, 435, 191 ÷ 284. 01 =	%	%
20	¥ 5, 134, 658 ÷ 56. 398 =	%	%
	No.16～No.20 小計 ④	100 %	
	(小計 ③＋④) 合計		100 %

主催　公益社団法人　全国経理教育協会　　後援　文部科学省

第８回電卓計算能力検定模擬試験

１級　乗算問題　(制限時間10分)

(注意) 無名数で小数第５位未満の端数が出たとき、名数で円位未満の端数が出たとき、パーセントの小数第２位未満の端数が出たときは四捨五入すること。

採　点　欄

受験番号

No.						
1	298, 136	×	37, 890	=	%	%
2	571, 460	×	29, 413	=	%	%
3	736, 502	×	68, 345	=	%	%
4	620, 849	×	56, 102	=	%	%
5	4, 815, 793	×	1, 627	=	%	%
	No. 1～No. 5　小　計 ①				100 %	
6	10. 9375	×	0. 05264	=	%	%
7	0. 024681	×	0. 40831	=	%	%
8	0. 963258	×	847. 59	=	%	%
9	870. 14	×	72. 9518	=	%	%
10	3, 459. 27	×	9. 3076	=	%	%
	No. 6～No.10　小　計 ②				100 %	
	(小計 ①＋②) 合　計					100 %
11	¥ 95, 247	×	532, 946	=	%	%
12	¥ 830, 651	×	41, 850	=	%	%
13	¥ 547, 039	×	69, 784	=	%	%
14	¥ 261, 980	×	75, 203	=	%	%
15	¥ 352, 716	×	17, 092	=	%	%
	No.11～No.15　小　計 ③				100 %	
16	¥ 6, 849, 072	×	0. 3125	=	%	%
17	¥ 973, 428	×	9. 4371	=	%	%
18	¥ 405, 183	×	0. 06538	=	%	%
19	¥ 718, 695	×	0. 80467	=	%	%
20	¥ 126, 304	×	286. 19	=	%	%
	No.16～No.20　小　計 ④				100 %	
	(小計 ③＋④) 合　計					100 %

主催　公益社団法人　全国経理教育協会　　後援　文部科学省

第７回電卓計算能力検定模擬試験

１級　複合算問題　(制限時間10分)

採　点　欄

【禁無断転載】

(注意) 小数第３位未満の端数が出たときは切り捨てること。ただし、端数処理は１題の解答について行うのではなく、１計算ごとに行うこと。

受験番号

No.	
1	(35,433,983 ＋ 36,852,917) ÷ (240,718 ＋ 568,657) ＝
2	(652,520,701,277 － 250,817,963,456) ÷ (485,607 － 893,420) ＝
3	(652.389 × 401.529) ÷ (22.855 ÷ 0.58269) ＝
4	(70,387,258 － 29,343,258) ÷ (757,240 － 272,865) ＝
5	(235,608.479 ÷ 35.871) ÷ (90.263 ÷ 5.82095) ＝
6	887,652 × 790,238 ＋ 834,448,095,291 ÷ 924,753 ＝
7	(147,392 ＋ 581,370) × (968,503 － 304,852) ＝
8	432,143,937,471 ÷ 876,103 ＋ 625,862 × 917,437 ＝
9	(162,538 ＋ 605,972) × (376,580 ＋ 176,394) ＝
10	(928,714 － 793,506) × (129,067 ＋ 705,418) ＝
11	431,716 × 862,950 ＋ 753,802 × 214,086 ＝
12	243,670 ＋ 601,985 － 429,378 × 610,543 ＝
13	284.903 ÷ 0.061572 － 521.841 ÷ 0.54379 ＝
14	(385,236 ＋ 119,764) × (309,764 ＋ 414,236) ＝
15	712,084 × 531,473 － 136,520,738,839 ÷ 678,401 ＝
16	(907,350 － 198,365) × (621,435 － 386,709) ＝
17	287,415 × 971,204 － 586,263,738,624 ÷ 785,632 ＝
18	583,188,014,397 ÷ 968,241 ＋ 258,065,766,859 ÷ 826,051 ＝
19	(584.291 ÷ 0.40379) × (193.036 ÷ 43.128) ＝
20	(898,521,648,665 － 315,869,745,137) ÷ (873,546 － 109,260) ＝

主催　公益社団法人　全国経理教育協会　　後援　文部科学省

第7回電卓計算能力検定模擬試験

1級　見取算問題　（制限時間10分）

採　点　欄

受験番号

No.	(1)	(2)	(3)	(4)	(5)
1	¥ 3, 049, 257, 186	¥ 7, 368, 240	¥ 73, 942, 650	¥ 289, 473	¥ 1, 904, 763
2	81, 062, 974	891, 750, 463	−4, 530, 871	7, 432, 608, 159	493, 820, 165
3	8, 513, 207	3, 180, 249, 675	3, 726, 485, 109	53, 142, 690	−507, 318, 246
4	5, 431, 298	15, 907, 382	102, 358, 794	368, 074, 192	−9, 260, 751, 384
5	692, 875, 043	597, 128	−617, 258	9, 610, 258	−83, 974
6	48, 963	542, 613, 098	950, 783, 412	21, 457, 038	−476, 825
7	3, 692, 705	9, 631, 057	39, 274, 680	6, 874, 520	84, 063, 721
8	902, 516, 384	7, 206, 584, 319	−2, 417, 065, 389	9, 017, 362, 485	1, 035, 692, 487
9	74, 928, 160	23, 195, 846	−1, 920, 568	31, 806	2, 130, 957
10	1, 427, 803, 659	65, 428, 901	−85, 296, 403	840, 925, 367	58, 317, 902
11	17, 360, 825	29, 470	2, 713, 946	6, 205, 193, 847	−7, 298, 456
12	2, 756, 384, 019	972, 086, 134	8, 169, 035	182, 750, 963	9, 541, 602
13	560, 941, 372	8, 436, 715	−96, 714	4, 765, 219	613, 479, 508
14	786, 451	430, 752	6, 047, 358, 291	5, 496, 731	−26, 805, 139
15	4, 179, 530	4, 036, 872, 591	−564, 801, 327	71, 589, 304	3, 748, 259, 610
計					

No.	(6)	(7)	(8)	(9)	(10)
1	¥ 150, 839, 627	¥ 785, 203, 416	¥ 27, 953	¥ 3, 742, 890	¥ 931, 076, 458
2	8, 621, 037	1, 049, 528, 673	−67, 058, 419	831, 950, 627	−54, 623, 091
3	5, 784, 319	63, 745, 098	−9, 574, 206	4, 268, 105	8, 231, 970
4	24, 370, 195	4, 967, 321	876, 921, 340	2, 597, 013, 468	367, 902, 145
5	382, 165, 409	327, 619, 580	13, 802, 695	78, 351, 926	−2, 086, 519, 734
6	432, 750	5, 670, 834, 129	6, 509, 173, 284	183, 692, 047	−9, 874, 603
7	9, 607, 213, 584	86, 945	4, 719, 036	347, 619	12, 940, 576
8	69, 057, 341	91, 540, 283	−720, 645, 813	253	5, 382, 461
9	6, 142, 098	5, 179, 304	52, 830, 469	410, 876	6, 849, 157, 230
10	7, 534, 928, 160	458, 012, 796	8, 456, 701	59, 160, 342	−763, 849
11	3, 569, 802	7, 435, 210	−317, 852	9, 047, 231, 586	−170, 496, 285
12	478, 306, 951	8, 906, 157, 432	−4, 085, 962, 137	1, 594, 078	23, 548, 016
13	92, 417, 586	13, 826, 057	294, 103, 568	27, 895	7, 129, 508
14	76, 428	392, 864	7, 498, 321	65, 809, 431	4, 506, 731, 982
15	8, 041, 695, 273	2, 681, 907	3, 941, 286, 075	7, 302, 185, 964	−85, 237
計					

主催　公益社団法人　全国経理教育協会　　後援　文部科学省

第7回電卓計算能力検定模擬試験

1級　除算問題　(制限時間10分)

採点欄

(注意) 無名数で小数第5位未満の端数が出たとき、名数で円位未満の端数が出たとき、パーセントの小数第2位未満の端数が出たときは四捨五入すること。

受験番号

No.				
1	1, 164, 250, 080 ÷ 72, 948 =		%	%
2	1, 299, 444, 520 ÷ 43, 670 =		%	%
3	1, 796, 840, 444 ÷ 21, 796 =		%	%
4	2, 607, 695, 484 ÷ 85, 102 =		%	%
5	3, 050, 593, 663 ÷ 390, 451 =		%	%
	No. 1〜No. 5 小計 ①		100 %	
6	6. 28215 ÷ 0. 9264 =		%	%
7	35, 591. 41739 ÷ 65, 823 =		%	%
8	0. 0680363584 ÷ 0. 07435 =		%	%
9	270. 5815576 ÷ 583. 19 =		%	%
10	0. 5282554186 ÷ 16. 087 =		%	%
	No. 6〜No. 10 小計 ②		100 %	
	(小計 ①＋②) 合計			100 %
11	¥ 4, 655, 484, 120 ÷ 71, 436 =		%	%
12	¥ 876, 757, 518 ÷ 28, 197 =		%	%
13	¥ 2, 477, 186, 411 ÷ 86, 503 =		%	%
14	¥ 4, 683, 621, 033 ÷ 5, 261 =		%	%
15	¥ 5, 348, 340, 620 ÷ 94, 780 =		%	%
	No.11〜No.15 小計 ③		100 %	
16	¥ 354, 872 ÷ 173. 849 =		%	%
17	¥ 5, 837 ÷ 0. 40625 =		%	%
18	¥ 4, 229 ÷ 0. 05314 =		%	%
19	¥ 65, 200 ÷ 0. 69572 =		%	%
20	¥ 1, 534, 435 ÷ 32. 098 =		%	%
	No.16〜No.20 小計 ④		100 %	
	(小計 ③＋④) 合計			100 %

主催　公益社団法人　全国経理教育協会　　後援　文部科学省

第７回電卓計算能力検定模擬試験

１級　乗算問題　(制限時間10分)

(注意) 無名数で小数第５位未満の端数が出たとき、名数で円位未満の端数が出たとき、パーセントの小数第２位未満の端数が出たときは四捨五入すること。

【禁無断転載】

採点欄

受験番号

No.	問題						
1	891, 450	×	34, 215	=		%	%
2	634, 792	×	90, 873	=		%	%
3	970, 138	×	27, 468	=		%	%
4	582, 604	×	19, 540	=		%	%
5	23, 516	×	653, 789	=		%	%
No. 1〜No. 5　小　計 ①						100 %	
6	36. 7289	×	4. 8197	=		%	%
7	0. 716843	×	0. 06924	=		%	%
8	4. 09375	×	0. 81056	=		%	%
9	154. 2067	×	5. 302	=		%	%
10	0. 085921	×	72. 631	=		%	%
No. 6〜No. 10　小　計 ②						100 %	
(小計 ①＋②) 合　計							100 %
11	¥　602, 837	×	14, 507	=		%	%
12	¥ 7, 935, 041	×	8, 269	=		%	%
13	¥　486, 513	×	76, 420	=		%	%
14	¥　247, 690	×	59, 638	=		%	%
15	¥　174, 982	×	47, 091	=		%	%
No. 11〜No. 15　小　計 ③						100 %	
16	¥　861, 729	×	63. 584	=		%	%
17	¥　359, 264	×	0. 21875	=		%	%
18	¥　280, 356	×	0. 04913	=		%	%
19	¥　94, 105	×	0. 380152	=		%	%
20	¥　513, 078	×	9. 2736	=		%	%
No. 16〜No. 20　小　計 ④						100 %	
(小計 ③＋④) 合　計							100 %

主催　公益社団法人　全国経理教育協会　　後援　文部科学省

第6回電卓計算能力検定模擬試験

1級　複合算問題　（制限時間10分）

採点欄

（注意）小数第3位未満の端数が出たときは切り捨てること。ただし、端数処理は1題の解答について行うのではなく、1計算ごとに行うこと。

受験番号

No.	
1	945, 263 × 603, 172 ＋ 870, 429, 106, 566 ÷ 964, 318 ＝
2	493, 670, 229, 137 ÷ 946, 873 ＋ 673, 557, 163, 809 ÷ 856, 347 ＝
3	485. 793 ÷ 0. 043521 － 708. 318 ÷ 0. 59074 ＝
4	474, 532, 262, 352 ÷ 946, 728 ＋ 834, 275 × 754, 613 ＝
5	(354. 912 ÷ 0. 028079) × (90. 717 ÷ 0. 025469) ＝
6	(698, 124 ＋ 125, 876) × (254, 678 ＋ 710, 322) ＝
7	(789, 560 － 231, 084) × (982, 743 － 109, 165) ＝
8	(82, 061, 715 － 53, 314, 415) ÷ (170, 962 － 492, 837) ＝
9	314, 625 × 814, 270 ＋ 729, 845 × 601, 304 ＝
10	972, 518 × 305, 286 － 204, 679 × 913, 806 ＝
11	(206, 791 ＋ 713, 485) × (137, 842 － 475, 260) ＝
12	(632, 569 － 108, 743) × (563, 921 ＋ 407, 819) ＝
13	348, 057 × 841, 390 － 438, 163, 460, 124 ÷ 623, 841 ＝
14	(257, 166 ＋ 623, 107) × (651, 390 － 308, 942) ＝
15	(736, 849, 238, 748 － 387, 940, 123, 508) ÷ (568, 120 － 134, 925) ＝
16	(10, 546, 396 ＋ 50, 128, 704) ÷ (302, 584 ＋ 319, 291) ＝
17	564, 970 × 432, 517 － 447, 947, 546, 691 ÷ 594, 673 ＝
18	(586, 172, 821, 614 － 139, 028, 938, 042) ÷ (374, 896 ＋ 249, 570) ＝
19	(801, 316. 529 ÷ 982. 641) ÷ (406. 513 ÷ 327. 846) ＝
20	(148. 731 × 768. 219) ÷ (257. 307 ÷ 0. 85468) ＝

主催　公益社団法人　全国経理教育協会　　後援　文部科学省

第6回電卓計算能力検定模擬試験

1級　見取算問題　（制限時間10分）

採点欄

受験番号

No.	(1)	(2)	(3)	(4)	(5)
1	¥ 7,891,350	¥ 14,876	¥ 9,680,412,375	¥ 7,192,430	¥ 1,740,952,386
2	4,512,076	3,657,194	−51,627,409	4,725,368	8,174,592
3	316,705,248	8,762,503	23,546,017	5,269,031,874	−23,581
4	8,065,147,293	2,058,463,971	217,308,945	150,643,289	−7,396,204
5	930,426,185	24,309,651	−94,583	32,914,706	3,056,241,879
6	7,402,963,581	135,807	3,576,280	465,780,163	−8,902,614,753
7	271,439	531,986,742	847,059,612	6,081,452,937	74,391,826
8	41,039,567	6,947,023	−6,290,158	973,264,105	−469,210
9	29,750,814	6,107,243,985	−1,069,835,274	369,582	9,730,645
10	6,984,302	340,652,798	761,893	893,207,145	−681,507,923
11	92,148,765	9,518,240	4,953,820	9,186,027	25,468,031
12	8,356,970	91,820,435	78,261,034	28,340,951	−93,725,608
13	174,609,823	716,085,329	−395,420,760	7,304,519,862	516,083,497
14	5,683,274,901	4,875,391,260	4,502,183,976	5,871,690	438,570,162
15	32,658	82,479,016	−8,634,197	85,746	1,859,074
計					

No.	(6)	(7)	(8)	(9)	(10)
1	¥ 426,953	¥ 5,708,139,246	¥ 81,796,403	¥ 230,914,657	¥ 1,534,962
2	2,409,716,583	45,390,618	257,609,814	72,460	2,013,456,879
3	7,032,641,958	1,548,320	9,175,028	4,087,126,395	−62,790,584
4	46,032,179	380,264,917	69,132	61,503,248	−8,274,031
5	1,827,305	752,109	1,805,426,973	9,237,851	−163,702
6	97,216	9,127,863	−8,592,360	593,841,207	4,921,368
7	954,378,062	6,824,301,975	−961,048,527	14,397,582	−3,871,462,950
8	7,851,439	83,294	3,854,701	3,102,459,768	650,918,243
9	378,645,021	17,526,049	718,530,649	6,824,091	95,307,418
10	2,983,601	3,451,670	−5,074,218,936	978,605,314	−742,539,806
11	524,170,896	9,056,817,432	−32,147,685	2,758,630	−48,257
12	5,169,840	74,693,508	7,321,564	132,976	9,104,873,625
13	8,610,532,794	432,075,186	46,932,057	8,654,970,123	7,652,091
14	85,204,317	8,962,751	−284,390	48,061,579	589,367,410
15	63,490,785	296,784,035	6,490,523,271	5,386,904	36,085,197
計					

主催　公益社団法人　全国経理教育協会　　後援　文部科学省

第6回電卓計算能力検定模擬試験

1級　除算問題　(制限時間10分)

採点欄

(注意) 無名数で小数第5位未満の端数が出たとき、名数で円位未満の端数が出たとき、パーセントの小数第2位未満の端数が出たときは四捨五入すること。

受験番号

No.				
1	746, 451, 456 ÷ 485, 971 =		%	%
2	695, 947, 747 ÷ 23, 687 =		%	%
3	3, 323, 317, 504 ÷ 50, 432 =		%	%
4	3, 001, 175, 240 ÷ 79, 810 =		%	%
5	5, 157, 745, 350 ÷ 61, 205 =		%	%
	No.1～No.5 小計 ①		100 %	
6	17. 32367458 ÷ 34. 156 =		%	%
7	0. 0274594667 ÷ 0. 06529 =		%	%
8	0. 3042625 ÷ 9. 7364 =		%	%
9	9, 808. 726653 ÷ 12, 748 =		%	%
10	7. 433111803 ÷ 0. 8093 =		%	%
	No.6～No.10 小計 ②		100 %	
	(小計 ①＋②) 合計			100 %
11	¥ 1, 127, 533, 660 ÷ 68, 794 =		%	%
12	¥ 5, 629, 645, 154 ÷ 70, 126 =		%	%
13	¥ 567, 815, 826 ÷ 14, 358 =		%	%
14	¥ 4, 175, 693, 840 ÷ 92, 530 =		%	%
15	¥ 1, 482, 454, 485 ÷ 5, 469 =		%	%
	No.11～No.15 小計 ③		100 %	
16	¥ 2, 824, 477 ÷ 359. 617 =		%	%
17	¥ 10, 857 ÷ 0. 21875 =		%	%
18	¥ 5, 235, 556 ÷ 83. 902 =		%	%
19	¥ 3, 845 ÷ 0. 07243 =		%	%
20	¥ 45, 488 ÷ 0. 46081 =		%	%
	No.16～No.20 小計 ④		100 %	
	(小計 ③＋④) 合計			100 %

主催　公益社団法人　全国経理教育協会　　後援　文部科学省

第６回電卓計算能力検定模擬試験

１級　乗算問題　(制限時間10分)

採　点　欄

(注意) 無名数で小数第５位未満の端数が出たとき、名数で円位未満の端数が出たとき、パーセントの小数第２位未満の端数が出たときは四捨五入すること。

【禁無断転載】

受験番号

No.						
1	572, 031	×	61, 504	=	%	%
2	2, 169, 345	×	4, 987	=	%	%
3	836, 214	×	18, 692	=	%	%
4	748, 906	×	35, 720	=	%	%
5	957, 680	×	23, 146	=	%	%
	No. 1～No. 5　小　計 ①				100 %	
6	4. 90528	×	0. 84375	=	%	%
7	15. 892	×	7. 40913	=	%	%
8	0. 081367	×	5, 623. 9	=	%	%
9	0. 307459	×	0. 02851	=	%	%
10	6. 24173	×	97. 068	=	%	%
	No. 6～No.10　小　計 ②				100 %	
	(小計 ①＋②) 合　計					100 %
11	¥ 263, 450	×	54, 738	=	%	%
12	¥ 718, 923	×	83, 415	=	%	%
13	¥ 609, 537	×	30, 529	=	%	%
14	¥ 470, 298	×	72, 190	=	%	%
15	¥ 54, 816	×	962, 801	=	%	%
	No.11～No.15　小　計 ③				100 %	
16	¥ 140, 625	×	0. 29376	=	%	%
17	¥ 8, 597, 364	×	6. 082	=	%	%
18	¥ 931, 042	×	0. 07164	=	%	%
19	¥ 386, 701	×	1. 5947	=	%	%
20	¥ 725, 189	×	0. 48653	=	%	%
	No.16～No.20　小　計 ④				100 %	
	(小計 ③＋④) 合　計					100 %

主催　公益社団法人　全国経理教育協会　　後援　文部科学省

第５回電卓計算能力検定模擬試験

１級　複合算問題　(制限時間10分)

採点欄

(注意) 小数第３位未満の端数が出たときは切り捨てること。ただし、端数処理は１題の解答について行うのではなく、１計算ごとに行うこと。

受験番号

No.	
1	(76, 832, 442 − 10, 756, 842) ÷ (270, 815 ＋ 469, 810) ＝
2	(270, 345 ＋ 377, 655) × (308, 492 ＋ 616, 508) ＝
3	402, 166 × 512, 478 − 430, 131, 790, 305 ÷ 839, 601 ＝
4	(185, 437 ＋ 428, 961) × (612, 589 ＋ 340, 196) ＝
5	683. 577 ÷ 0. 015888 − 57. 291 ÷ 0. 096834 ＝
6	(461, 958 ＋ 432, 807) × (946, 503 − 102, 987) ＝
7	571, 932 × 846, 710 − 339, 984, 457, 504 ÷ 671, 492 ＝
8	(690, 289, 763, 729 − 148, 209, 231, 407) ÷ (236, 598 − 793, 560) ＝
9	331, 453, 206, 361 ÷ 659, 783 ＋ 723, 460 × 517, 632 ＝
10	(567. 123 ÷ 0. 26739) × (370. 951 ÷ 64. 258) ＝
11	123, 890 × 873, 954 − 804, 367 × 315, 926 ＝
12	(21, 350, 768 ＋ 43, 181, 932) ÷ (531, 080 ＋ 272, 045) ＝
13	(710, 948. 654 ÷ 69. 234) ÷ (90. 823 ÷ 9. 50647) ＝
14	308, 461 × 948, 235 ＋ 867, 052 × 413, 259 ＝
15	(557, 296, 684, 364 − 205, 938, 617, 810) ÷ (624, 186 − 246, 973) ＝
16	132, 736, 305, 159 ÷ 752, 691 ＋ 420, 479, 854, 528 ÷ 830, 279 ＝
17	(852, 913 − 547, 096) × (167, 094 ＋ 728, 435) ＝
18	(879, 210 − 358, 426) × (760, 296 − 125, 864) ＝
19	(936. 246 × 98. 169) ÷ (703. 549 ÷ 0. 82561) ＝
20	967, 155 × 729, 183 ＋ 121, 259, 571, 167 ÷ 568, 043 ＝

主催　公益社団法人　全国経理教育協会　　後援　文部科学省

第５回電卓計算能力検定模擬試験

１級　見取算問題　（制限時間10分）

採　点　欄

【禁無断転載】

受験番号

No.	(1)	(2)	(3)	(4)	(5)
1	¥ 4, 321, 508	¥ 4, 203, 615	¥ 62, 415, 378	¥ 9, 723, 140	¥ 6, 923, 807
2	93, 074, 268	928, 340	−8, 574, 106	34, 186, 952	7, 051, 862, 394
3	528, 490, 316	6, 189, 357, 204	−4, 536, 289	217, 098, 365	4, 278, 519
4	382, 567, 049	7, 163, 952	−2, 601, 843, 597	6, 281, 079	97, 510, 436
5	8, 016, 745, 932	940, 635, 127	−125, 907, 834	50, 319, 724	−874, 239, 065
6	5, 649, 783	861, 052, 374	−90, 281	27, 890	−9, 318, 456, 702
7	760, 921, 854	38, 592, 471	4, 031, 782, 569	1, 029, 643, 758	−32, 540, 198
8	48, 796, 105	5, 029, 876, 143	−59, 678, 041	3, 578, 046	−2, 368, 750
9	1, 406, 357	293, 460, 758	−369, 712	8, 641, 950, 273	−621, 530
10	6, 157, 283, 490	2, 497, 831	742, 051, 893	795, 406, 138	465, 097, 281
11	79, 653, 120	4, 701, 839, 526	5, 896, 341, 027	134, 562	3, 872, 149
12	318, 029	81, 960	6, 130, 954	5, 301, 862, 497	−15, 647
13	62, 741	6, 715, 089	970, 812, 635	472, 560, 813	508, 194, 376
14	2, 815, 973	15, 748, 096	83, 425, 670	68, 945, 201	89, 603, 421
15	4, 205, 139, 687	57, 304, 862	7, 296, 403	7, 359, 684	1, 620, 784, 953
計					

No.	(6)	(7)	(8)	(9)	(10)
1	¥ 3, 916, 874, 502	¥ 893, 260	¥ 6, 029, 473, 851	¥ 1, 207, 354, 968	¥ 730, 184, 629
2	91, 043	5, 602, 931, 784	−17, 280, 946	864, 795, 103	−98, 026, 451
3	9, 861, 375	46, 308, 917	38, 729	3, 619, 752	−5, 829, 643, 710
4	45, 628, 013	1, 437, 698	−6, 317, 085	649, 058, 237	−7, 568, 149
5	3, 405, 987	28, 435	952, 836, 104	78, 136, 420	475, 390, 862
6	7, 206, 135, 489	7, 619, 052	3, 507, 692	3, 012, 567, 894	−15, 607
7	690, 317, 284	398, 576, 140	74, 930, 165	5, 380, 962	2, 043, 178, 596
8	4, 269, 570	8, 471, 250, 369	−214, 608	217, 835	5, 794, 318
9	83, 609, 254	710, 985, 623	−4, 705, 198, 326	96, 402, 178	67, 832, 954
10	78, 456, 921	29, 704, 516	1, 823, 574	1, 943, 605	4, 927, 031
11	162, 930, 758	5, 423, 801	−598, 462, 031	7, 950, 831, 426	−312, 409, 578
12	2, 718, 930	9, 032, 516, 487	89, 045, 217	435, 762, 819	−631, 205
13	542, 617	68, 142, 075	4, 156, 793	8, 123, 047	9, 106, 785, 342
14	8, 021, 753, 469	154, 067, 932	2, 368, 791, 450	48, 590	84, 250, 763
15	537, 084, 126	3, 259, 748	840, 629, 537	24, 970, 651	1, 369, 280
計					

主催　公益社団法人　全国経理教育協会　　後援　文部科学省

第５回電卓計算能力検定模擬試験

１級　除算問題　（制限時間10分）

採点欄

（注意）無名数で小数第５位未満の端数が出たとき、名数で円位未満の端数が出たとき、パーセントの小数第２位未満の端数が出たときは四捨五入すること。

【禁無断転載】

受験番号

No.	問題			
1	1, 856, 481, 669 ÷ 214, 053 =		%	%
2	2, 423, 563, 611 ÷ 65, 239 =		%	%
3	792, 492, 840 ÷ 48, 170 =		%	%
4	7, 027, 269, 120 ÷ 73, 692 =		%	%
5	3, 767, 459, 892 ÷ 89, 516 =		%	%
	No. 1～No. 5　小　計 ①		100 %	
6	1. 084603768 ÷ 0. 1867 =		%	%
7	0. 304325 ÷ 9. 7384 =		%	%
8	0. 0511030862 ÷ 0. 06428 =		%	%
9	7. 654384279 ÷ 30. 745 =		%	%
10	33, 178. 66743 ÷ 52, 901 =		%	%
	No. 6～No. 10　小　計 ②		100 %	
	（小計 ①＋②）合　計			100 %
11	¥ 6, 435, 106, 300 ÷ 69, 580 =		%	%
12	¥ 2, 345, 727, 318 ÷ 3, 498 =		%	%
13	¥ 2, 287, 922, 120 ÷ 85, 243 =		%	%
14	¥ 3, 192, 587, 772 ÷ 74, 129 =		%	%
15	¥ 1, 432, 045, 914 ÷ 17, 602 =		%	%
	No. 11～No. 15　小　計 ③		100 %	
16	¥ 5, 425 ÷ 0. 08356 =		%	%
17	¥ 27, 690 ÷ 0. 46875 =		%	%
18	¥ 662, 667 ÷ 93. 2761 =		%	%
19	¥ 19, 505, 657 ÷ 510. 37 =		%	%
20	¥ 3, 291 ÷ 0. 20914 =		%	%
	No. 16～No. 20　小　計 ④		100 %	
	（小計 ③＋④）合　計			100 %

主催　公益社団法人　全国経理教育協会　　後援　文部科学省

第５回電卓計算能力検定模擬試験

１級　乗算問題 (制限時間10分)

採点欄

(注意) 無名数で小数第５位未満の端数が出たとき、名数で円位未満の端数が出たとき、パーセントの小数第２位未満の端数が出たときは四捨五入すること。

【禁無断転載】

受験番号

No.	問題					
1	950, 183	×	20, 591	=	%	%
2	419, 530	×	82, 965	=	%	%
3	368, 274	×	78, 610	=	%	%
4	5, 243, 796	×	1, 423	=	%	%
5	807, 612	×	54, 037	=	%	%
	No. 1〜No. 5　小　計 ①				100 %	
6	0. 135947	×	0. 38152	=	%	%
7	68. 4375	×	0. 07248	=	%	%
8	2. 6408	×	41. 6579	=	%	%
9	792. 061	×	6. 9304	=	%	%
10	0. 051829	×	937. 86	=	%	%
	No. 6〜No. 10　小　計 ②				100 %	
	(小計 ① ＋ ②) 合　計					100 %
11	¥ 309, 627	×	48, 360	=	%	%
12	¥ 158, 970	×	26, 173	=	%	%
13	¥ 986, 204	×	17, 942	=	%	%
14	¥ 6, 725, 431	×	9, 756	=	%	%
15	¥ 214, 385	×	35, 018	=	%	%
	No. 11〜No. 15　小　計 ③				100 %	
16	¥ 902, 748	×	64. 587	=	%	%
17	¥ 460, 519	×	0. 02831	=	%	%
18	¥ 597, 163	×	0. 53409	=	%	%
19	¥ 73, 856	×	0. 890625	=	%	%
20	¥ 841, 032	×	7. 1294	=	%	%
	No. 16〜No. 20　小　計 ④				100 %	
	(小計 ③ ＋ ④) 合　計					100 %

主催　公益社団法人　全国経理教育協会　　後援　文部科学省

第４回電卓計算能力検定模擬試験

１級　複合算問題　(制限時間10分)

採　点　欄

(注意) 小数第３位未満の端数が出たときは切り捨てること。ただし、端数処理は１題の解答について行うのではなく、１計算ごとに行うこと。

受験番号

No.	
1	221, 730, 738, 500 ÷ 537, 692 ＋ 623, 175 × 958, 100 ＝
2	(256, 381 ＋ 670, 423) × (629, 734 − 100, 591) ＝
3	(935. 487 ÷ 0. 98361) × (901. 532 ÷ 45. 387) ＝
4	286, 045 × 827, 593 ＋ 613, 974 × 910, 285 ＝
5	743, 738, 316, 443 ÷ 926, 831 ＋ 553, 765, 297, 332 ÷ 846, 327 ＝
6	(401, 254 ＋ 122, 746) × (356, 978 ＋ 448, 022) ＝
7	961, 382 × 542, 067 ＋ 353, 558, 384, 146 ÷ 879, 142 ＝
8	738, 294 × 500, 998 − 396, 064, 912, 707 ÷ 867, 941 ＝
9	(892, 745 − 601, 384) × (249, 831 ＋ 795, 436) ＝
10	(197, 053 ＋ 785, 164) × (265, 109 ＋ 608, 453) ＝
11	152, 637 ＋ 840, 925 − 403, 756 × 598, 283 ＝
12	(51, 399, 038 ＋ 10, 594, 762) ÷ (724, 185 ＋ 222, 690) ＝
13	(349, 528. 069 ÷ 45. 219) ÷ (49. 671 ÷ 3. 05428) ＝
14	(887, 381, 988, 521 − 328, 901, 745, 065) ÷ (170, 468 − 785, 296) ＝
15	(906, 681, 839, 662 − 403, 652, 861, 470) ÷ (809, 510 − 217, 984) ＝
16	341. 239 ÷ 0. 030577 − 932. 807 ÷ 0. 62975 ＝
17	(67, 659, 418 − 23, 694, 018) ÷ (759, 503 − 156, 378) ＝
18	415, 346 × 629, 380 − 510, 093, 499, 300 ÷ 590, 164 ＝
19	(504. 826 × 732. 189) ÷ (18. 759 ÷ 0. 32469) ＝
20	(697, 150 − 208, 146) × (832, 793 − 164, 509) ＝

主催　公益社団法人　全国経理教育協会　　後援　文部科学省

第４回電卓計算能力検定模擬試験

１級　見取算問題　（制限時間10分）

採　点　欄

受験番号

No.	(1)	(2)	(3)	(4)	(5)
1	¥ 5, 764, 908	¥ 3, 986, 150	¥ 7, 018, 492, 365	¥ 8, 205, 469, 731	¥ 1, 708, 492, 536
2	127, 034, 569	9, 023, 741, 856	−38, 615, 024	71, 246	−76, 180, 925
3	8, 730, 521, 496	6, 152, 340, 798	415, 206, 937	52, 647, 890	2, 013, 647, 895
4	8, 192, 043	317, 469	−147, 958	947, 012, 635	−28, 349
5	91, 658, 274	230, 874, 915	96, 372, 540	1, 836, 079	−320, 561, 874
6	9, 243, 105	14, 250, 863	−859, 630, 742	84, 530, 962	5, 298, 307
7	16, 357	74, 138, 092	−5, 640, 319, 287	390, 286, 175	−9, 736, 048
8	64, 879, 230	4, 701, 829, 536	2, 951, 876	7, 813, 504	−8, 943, 275, 061
9	3, 602, 975, 481	6, 289, 570	−4, 781, 609	6, 749, 381	436, 519, 280
10	489, 750, 612	2, 453, 187	68, 109, 423	4, 168, 395, 720	4, 856, 710
11	685, 132	8, 596, 047	−63, 512	254, 806	591, 763, 402
12	5, 012, 367, 894	867, 105, 324	276, 053, 198	6, 039, 125, 487	7, 319, 456
13	76, 809, 325	589, 064, 321	−7, 598, 034	576, 108, 392	82, 907, 153
14	258, 340, 719	72, 961	3, 284, 701	23, 594, 018	61, 034, 729
15	3, 418, 760	45, 697, 203	1, 904, 827, 356	4, 971, 253	−154, 682
計					

No.	(6)	(7)	(8)	(9)	(10)
1	¥ 842, 051, 963	¥ 4, 985, 237	¥ 58, 936, 201	¥ 73, 825, 091	¥ 2, 076, 539, 184
2	984, 513, 026	982, 051, 463	−125, 479	5, 308, 692, 417	−32, 701, 465
3	165, 740, 289	53, 648, 012	791, 054, 625	3, 548, 106	−273, 940
4	6, 298, 703	8, 726, 350	9, 685, 147	67, 582	1, 948, 653
5	81, 372	3, 246, 810, 975	8, 147, 506, 392	291, 704, 368	−92, 137
6	57, 462, 810	470, 263, 519	360, 742, 918	5, 493, 780	−6, 827, 350, 914
7	7, 609, 354, 281	597, 408	−7, 823, 509	9, 462, 071, 853	760, 485, 291
8	73, 106, 452	9, 632, 871	−928, 630, 457	47, 236, 905	14, 628, 039
9	28, 179, 345	1, 035, 824, 796	4, 079, 261, 835	854, 960, 271	−481, 963, 570
10	3, 016, 982, 547	61, 579, 048	6, 378, 021	1, 325, 869	−5, 187, 302
11	1, 573, 690	7, 461, 320	17, 643	39, 584, 012	9, 103, 256, 487
12	9, 435, 078	812, 306, 954	−82, 703, 954	7, 028, 159, 643	392, 540, 816
13	5, 639, 804	25, 149, 607	5, 241, 360	6, 971, 430	8, 697, 543
14	427, 169	6, 508, 912, 743	34, 169, 085	217, 694	59, 064, 728
15	4, 590, 827, 136	37, 189	−2, 503, 498, 716	180, 346, 725	7, 812, 056
計					

主催　公益社団法人　全国経理教育協会　　後援　文部科学省

第４回電卓計算能力検定模擬試験

１級　除算問題　(制限時間10分)

採点欄

(注意) 無名数で小数第５位未満の端数が出たとき、名数で円位未満の端数が出たとき、パーセントの小数第２位未満の端数が出たときは四捨五入すること。

受験番号

No.	問題		
1	3, 447, 325, 200 ÷ 80, 245 =	%	%
2	1, 666, 085, 850 ÷ 76, 150 =	%	%
3	6, 446, 411, 034 ÷ 91, 623 =	%	%
4	2, 380, 562, 388 ÷ 249, 378 =	%	%
5	897, 647, 917 ÷ 15, 907 =	%	%
	No. 1～No. 5　小　計 ①	100 %	
6	0. 0553971209 ÷ 0. 08534 =	%	%
7	272. 3989658 ÷ 327. 81 =	%	%
8	8, 129. 677986 ÷ 53, 469 =	%	%
9	1. 51855 ÷ 0. 4016 =	%	%
10	0. 5215198734 ÷ 6. 7892 =	%	%
	No. 6～No. 10　小　計 ②	100 %	
	(小計 ① + ②) 合　計		100 %
11	¥ 1, 146, 333, 369 ÷ 1, 347 =	%	%
12	¥ 522, 934, 090 ÷ 29, 561 =	%	%
13	¥ 2, 138, 933, 472 ÷ 57, 928 =	%	%
14	¥ 1, 428, 399, 280 ÷ 35, 210 =	%	%
15	¥ 5, 953, 644, 105 ÷ 60, 483 =	%	%
	No. 11～No. 15　小　計 ③	100 %	
16	¥ 29, 040 ÷ 0. 46875 =	%	%
17	¥ 4, 948, 684 ÷ 98. 632 =	%	%
18	¥ 2, 710, 086 ÷ 712. 059 =	%	%
19	¥ 61, 360 ÷ 0. 84706 =	%	%
20	¥ 918 ÷ 0. 03194 =	%	%
	No. 16～No. 20　小　計 ④	100 %	
	(小計 ③ + ④) 合　計		100 %

主催　公益社団法人　全国経理教育協会　　後援　文部科学省

第4回電卓計算能力検定模擬試験

1級　乗算問題（制限時間10分）

採点欄

（注意）無名数で小数第5位未満の端数が出たとき、名数で円位未満の端数が出たとき、パーセントの小数第2位未満の端数が出たときは四捨五入すること。

受験番号

No.	問題					
1	631, 428	×	30, 246	=	%	%
2	296, 754	×	26, 180	=	%	%
3	315, 290	×	45, 861	=	%	%
4	853, 109	×	57, 932	=	%	%
5	4, 780, 561	×	8, 759	=	%	%
No. 1～No. 5　小計 ①					100 %	
6	7. 4832	×	95. 1673	=	%	%
7	0. 508617	×	0. 72018	=	%	%
8	0. 062983	×	194. 05	=	%	%
9	14. 9375	×	0. 03824	=	%	%
10	9. 27046	×	64. 397	=	%	%
No. 6～No. 10　小計 ②					100 %	
(小計 ①＋②) 合計						100 %
11	¥ 798, 345	×	35, 170	=	%	%
12	¥ 57, 039	×	126, 094	=	%	%
13	¥ 284, 160	×	47, 862	=	%	%
14	¥ 409, 621	×	78, 413	=	%	%
15	¥ 132, 597	×	69, 507	=	%	%
No. 11～No. 15　小計 ③					100 %	
16	¥ 673, 248	×	0. 90625	=	%	%
17	¥ 3, 015, 684	×	2. 348	=	%	%
18	¥ 956, 802	×	53. 789	=	%	%
19	¥ 820, 716	×	0. 04951	=	%	%
20	¥ 541, 973	×	0. 81236	=	%	%
No. 16～No. 20　小計 ④					100 %	
(小計 ③＋④) 合計						100 %

主催　公益社団法人　全国経理教育協会　　後援　文部科学省

第3回電卓計算能力検定模擬試験

1級　複合算問題　(制限時間10分)

採　点　欄

(注意) 小数第3位未満の端数が出たときは切り捨てること。ただし、端数処理は1題の解答について行うのではなく、1計算ごとに行うこと。

受験番号

No.	
1	(70, 163, 173 － 10, 245, 673) ÷ (943, 281 － 240, 156) ＝
2	(483, 609 － 253, 641) × (823, 647 － 205, 149) ＝
3	(727, 677, 854, 057 － 501, 294, 184, 307) ÷ (493, 796 － 801, 546) ＝
4	411, 341, 284, 111 ÷ 820, 649 ＋ 148, 644, 576, 508 ÷ 951, 374 ＝
5	521, 074 × 330, 428 － 579, 425, 756, 778 ÷ 736, 941 ＝
6	(247, 085 ＋ 431, 860) × (138, 246 － 674, 130) ＝
7	957, 264 × 230, 816 ＋ 698, 204 × 381, 752 ＝
8	(825. 436 ÷ 0. 39721) × (94. 261 ÷ 0. 018249) ＝
9	(951, 026 － 524, 687) × (497, 653 ＋ 508, 912) ＝
10	(63, 175, 402 ＋ 19, 219, 298) ÷ (549, 870 ＋ 290, 755) ＝
11	863, 472 × 710, 956 － 376, 182 × 869, 047 ＝
12	(216, 418 ＋ 693, 582) × (175, 862 ＋ 794, 138) ＝
13	(576, 280. 143 ÷ 982. 473) ÷ (705. 419 ÷ 671. 571) ＝
14	826, 570 × 439, 415 ＋ 433, 132, 622, 845 ÷ 634, 687 ＝
15	(627, 841, 953, 670 － 234, 417, 400, 454) ÷ (247, 360 ＋ 387, 294) ＝
16	(368. 501 × 927. 435) ÷ (153. 169 ÷ 0. 42538) ＝
17	809. 857 ÷ 0. 069569 － 703. 284 ÷ 0. 16745 ＝
18	301, 695 × 748, 230 － 259, 801, 053, 837 ÷ 862, 413 ＝
19	175, 445, 768, 588 ÷ 876, 532 ＋ 623, 415 × 902, 873 ＝
20	(162, 849 ＋ 301, 764) × (317, 823 ＋ 536, 420) ＝

主催　公益社団法人　全国経理教育協会　　後援　文部科学省

第3回電卓計算能力検定模擬試験

1級　見取算問題　（制限時間10分）

採点欄

【禁無断転載】

受験番号

No.	(1)	(2)	(3)	(4)	(5)
1	¥ 810, 453, 269	¥ 6, 795, 301	¥ 8, 960, 425, 173	¥ 15, 824, 709	¥ 2, 740, 835, 169
2	129, 703, 846	65, 478, 029	−2, 098, 613, 754	3, 598, 012, 674	−962, 307, 851
3	3, 961, 574, 802	54, 108, 932	4, 831, 650	7, 285, 410	−6, 805, 924, 731
4	4, 325, 079	213, 607	−32, 957, 408	8, 269, 057	53, 496, 012
5	7, 682, 130	312, 869, 745	51, 349, 027	230, 941, 568	6, 274, 385
6	572, 418	9, 847, 051	−84, 361	681, 507, 243	416, 370, 295
7	42, 018, 397	9, 207, 541, 863	1, 379, 560	49, 376, 021	2, 638, 074
8	9, 864, 105	140, 935, 876	527, 106, 843	9, 062, 435, 817	1, 039, 542, 678
9	6, 093, 247, 581	1, 937, 284	−792, 681	4, 753, 196	74, 182, 659
10	58, 730, 624	4, 673, 182, 590	−9, 580, 236	198, 365	−7, 189, 504
11	15, 935	5, 036, 491, 872	−183, 450, 792	7, 104, 328, 695	329, 061, 487
12	7, 405, 891, 362	24, 619	647, 038, 925	3, 672, 980	−498, 520
13	6, 139, 570	8, 326, 540	−6, 914, 287	63, 749	8, 710, 943
14	85, 246, 793	82, 650, 743	76, 592, 014	871, 594, 203	−81, 753, 906
15	274, 908, 651	729, 063, 158	4, 305, 261, 879	56, 140, 832	−51, 362
計					

No.	(6)	(7)	(8)	(9)	(10)
1	¥ 459, 831	¥ 3, 706, 218, 549	¥ 62, 789, 401	¥ 510, 824, 937	¥ 2, 314, 895
2	5, 408, 729, 361	43, 180, 926	517, 908, 624	75, 490	−5, 021, 439, 678
3	7, 015, 942, 836	2, 346, 150	8, 273, 056	4, 672, 259, 183	−95, 780, 364
4	49, 015, 278	160, 594, 827	98, 165	92, 301, 546	−261, 709
5	2, 657, 103	735, 208	2, 603, 549, 871	8, 517, 632	4, 752, 196
6	87, 529	8, 257, 691	−6, 395, 240	381, 642, 507	1, 672, 495, 830
7	834, 176, 095	9, 654, 102, 873	−892, 041, 357	24, 187, 365	−6, 584, 012
8	7, 632, 418	61, 584	1, 634, 702	1, 205, 438, 796	930, 826, 541
9	176, 943, 052	27, 359, 048	736, 210, 948	9, 654, 082	83, 107, 429
10	5, 861, 902	1, 432, 970	−3, 074, 256, 819	876, 903, 124	−749, 318, 605
11	354, 270, 689	8, 039, 627, 415	25, 387, 964	5, 736, 910	−46, 537
12	3, 298, 640	74, 981, 306	7, 152, 390	215, 879	8, 204, 671, 953
13	6, 920, 315, 784	415, 073, 269	−49, 815, 037	9, 348, 705, 251	7, 935, 082
14	63, 504, 127	6, 895, 732	−564, 183	46, 092, 378	368, 157, 420
15	91, 480, 763	598, 764, 013	9, 480, 631, 572	3, 169, 804	19, 063, 287
計					

主催　公益社団法人　全国経理教育協会　　後援　文部科学省

第３回電卓計算能力検定模擬試験

１級　除算問題　（制限時間10分）

採点欄

（注意）無名数で小数第５位未満の端数が出たとき、名数で円位未満の端数が出たとき、パーセントの小数第２位未満の端数が出たときは四捨五入すること。

【禁無断転載】

受験番号

No.	問題		
1	6, 869, 887, 104 ÷ 70, 368 =	%	%
2	636, 993, 696 ÷ 187, 296 =	%	%
3	4, 809, 551, 779 ÷ 95, 783 =	%	%
4	2, 824, 029, 040 ÷ 61, 432 =	%	%
5	3, 698, 229, 580 ÷ 52, 940 =	%	%
	No. 1～No. 5　小　計 ①	100 %	
6	32, 782. 99552 ÷ 43, 057 =	%	%
7	0. 0800296343 ÷ 0. 09814 =	%	%
8	0. 1171741769 ÷ 2. 4501 =	%	%
9	2. 053302 ÷ 0. 8625 =	%	%
10	4. 484277981 ÷ 36. 179 =	%	%
	No. 6～No. 10　小　計 ②	100 %	
	(小計 ① ＋ ②) 合　計		100 %
11	￥ 2, 231, 444, 916 ÷ 72, 159 =	%	%
12	￥ 1, 050, 218, 820 ÷ 35, 460 =	%	%
13	￥ 1, 690, 719, 770 ÷ 91, 085 =	%	%
14	￥ 6, 722, 392, 516 ÷ 80, 276 =	%	%
15	￥ 2, 804, 019, 559 ÷ 4, 631 =	%	%
	No.11～No.15　小　計 ③	100 %	
16	￥ 3, 884, 487 ÷ 538. 904 =	%	%
17	￥ 6, 237 ÷ 0. 07392 =	%	%
18	￥ 832, 431 ÷ 19. 748 =	%	%
19	￥ 58, 743 ÷ 0. 64527 =	%	%
20	￥ 15, 227 ÷ 0. 26813 =	%	%
	No.16～No.20　小　計 ④	100 %	
	(小計 ③ ＋ ④) 合　計		100 %

主催　公益社団法人　全国経理教育協会　　後援　文部科学省

第３回電卓計算能力検定模擬試験

１級　乗算問題 （制限時間10分）

採点欄

（注意）無名数で小数第５位未満の端数が出たとき、名数で円位未満の端数が出たとき、パーセントの小数第２位未満の端数が出たときは四捨五入すること。

受験番号

No.	問題				%	%
1	892, 140	×	51, 732	=	%	%
2	620, 987	×	78, 964	=	%	%
3	384, 265	×	60, 318	=	%	%
4	753, 016	×	24, 650	=	%	%
5	19, 523	×	835, 479	=	%	%
	No. 1～No. 5　小計 ①				100 %	
6	2. 763104	×	0. 3125	=	%	%
7	90. 7348	×	42. 893	=	%	%
8	546. 791	×	1. 9046	=	%	%
9	0. 471859	×	0. 06587	=	%	%
10	0. 085632	×	972. 01	=	%	%
	No. 6～No. 10　小計 ②				100 %	
	（小計 ①＋②）合計					100 %
11	￥ 956, 713	×	63, 570	=	%	%
12	￥ 7, 345, 092	×	9, 802	=	%	%
13	￥ 834, 627	×	74, 123	=	%	%
14	￥ 219, 480	×	16, 245	=	%	%
15	￥ 170, 568	×	30, 984	=	%	%
	No. 11～No. 15　小計 ③				100 %	
16	￥ 528, 934	×	0. 07391	=	%	%
17	￥ 45, 106	×	592. 438	=	%	%
18	￥ 396, 875	×	0. 41056	=	%	%
19	￥ 180, 329	×	0. 28617	=	%	%
20	￥ 607, 241	×	8. 5769	=	%	%
	No. 16～No. 20　小計 ④				100 %	
	（小計 ③＋④）合計					100 %

主催　公益社団法人　全国経理教育協会　　後援　文部科学省

第２回電卓計算能力検定模擬試験

１　級　　複合算問題　（制限時間10分）

採　点　欄

【禁無断転載】

（注意）小数第３位未満の端数が出たときは切り捨てること。ただし、端数処理は１題の解答について行うのではなく、１計算ごとに行うこと。

受験番号

No.	
1	(130, 852 ＋ 406, 583) × (615, 734 ＋ 132, 340) ＝
2	(762, 538 － 439, 821) × (896, 123 － 175, 964) ＝
3	(423. 568 × 69. 017) ÷ (402. 753 ÷ 0. 98647) ＝
4	(89, 451, 320 － 19, 678, 520) ÷ (481, 520 ＋ 259, 105) ＝
5	502, 463 × 510, 739 ＋ 746, 695, 725, 801 ÷ 749, 283 ＝
6	352, 146 × 813, 645 ＋ 316, 075 × 264, 798 ＝
7	786. 314 ÷ 0. 094536 － 32. 459 ÷ 0. 61548 ＝
8	759, 730, 729, 985 ÷ 786, 931 ＋ 980, 532 × 584, 213 ＝
9	918, 460 × 735, 964 － 120, 201, 483, 822 ÷ 590, 781 ＝
10	(948, 127 － 346, 815) × (605, 748 ＋ 152, 706) ＝
11	(205, 638, 974 ＋ 342, 063, 826) ÷ (595, 640 ＋ 351, 235) ＝
12	130, 956 × 548, 792 － 324, 615 × 879, 524 ＝
13	(235, 809 ＋ 516, 794) × (842, 536 － 204, 891) ＝
14	(342, 362 ＋ 241, 638) × (235, 091 ＋ 439, 909) ＝
15	896, 245 × 201, 387 － 488, 833, 586, 388 ÷ 695, 142 ＝
16	(499, 838. 207 ÷ 63. 258) ÷ (98. 206 ÷ 9. 53647) ＝
17	(611, 563, 087, 101 － 132, 586, 709, 430) ÷ (273, 069 － 827, 316) ＝
18	(619, 888, 857, 123 － 480, 269, 513, 739) ÷ (592, 817 － 372, 650) ＝
19	(462. 819 ÷ 0. 94852) × (862. 647 ÷ 45. 239) ＝
20	596, 206, 399, 131 ÷ 870, 963 ＋ 728, 933, 140, 544 ÷ 764, 512 ＝

主催　公益社団法人　全国経理教育協会　　後援　文部科学省

第2回電卓計算能力検定模擬試験

1級　見取算問題　（制限時間10分）

採　点　欄

受験番号

No.	(1)	(2)	(3)	(4)	(5)
1	¥ 6, 754, 908	¥ 3, 985, 160	¥ 416, 205, 937	¥ 8, 206, 459, 731	¥ 1, 708, 492, 635
2	127, 034, 659	9, 023, 741, 865	−38, 516, 024	71, 245	−75, 180, 926
3	8, 730, 621, 495	5, 162, 340, 798	−147, 968	62, 547, 890	2, 013, 547, 896
4	8, 192, 043	317, 459	7, 081, 492, 356	947, 012, 536	−28, 349
5	91, 568, 274	230, 874, 916	95, 372, 640	1, 835, 079	−320, 651, 874
6	9, 243, 106	14, 260, 583	−869, 530, 742	84, 630, 952	6, 298, 307
7	15, 367	74, 138, 092	−6, 540, 319, 287	390, 285, 176	−9, 735, 048
8	54, 897, 230	4, 701, 829, 635	2, 961, 875	7, 813, 604	−8, 943, 276, 051
9	3, 502, 976, 481	5, 289, 670	−4, 781, 509	5, 749, 381	435, 619, 280
10	489, 760, 512	2, 463, 187	58, 109, 423	4, 158, 396, 720	4, 865, 710
11	586, 132	8, 695, 047	−53, 612	264, 805	691, 753, 402
12	6, 012, 357, 894	857, 106, 324	275, 063, 198	5, 039, 126, 487	7, 319, 465
13	75, 809, 326	689, 054, 321	−7, 698, 034	675, 108, 392	82, 907, 163
14	268, 340, 719	72, 951	3, 284, 701	23, 694, 018	51, 034, 729
15	3, 418, 750	46, 597, 203	1, 904, 827, 365	4, 971, 263	−164, 582
計					

No.	(6)	(7)	(8)	(9)	(10)
1	¥ 842, 061, 953	¥ 4, 986, 237	¥ 68, 935, 201	¥ 73, 826, 091	¥ 2, 075, 639, 184
2	984, 613, 025	982, 061, 453	−126, 479	6, 308, 592, 417	−32, 701, 456
3	156, 740, 289	63, 548, 012	791, 064, 528	3, 648, 105	−273, 940
4	5, 298, 703	8, 725, 360	9, 586, 147	57, 682	1, 948, 563
5	81, 372	3, 245, 810, 976	8, 147, 605, 392	291, 704, 358	−92, 137
6	67, 452, 810	470, 253, 619	350, 742, 918	6, 493, 780	−5, 827, 360, 914
7	7, 509, 364, 281	697, 408	−7, 823, 609	9, 452, 071, 863	750, 486, 291
8	73, 105, 462	9, 532, 871	−928, 530, 467	47, 235, 906	14, 528, 039
9	28, 179, 346	1, 036, 824, 795	4, 079, 251, 836	864, 950, 271	−481, 953, 670
10	3, 015, 982, 647	51, 679, 048	5, 378, 021	1, 326, 859	−6, 187, 302
11	1, 673, 590	7, 451, 320	17, 543	39, 684, 012	9, 103, 265, 487
12	9, 346, 078	812, 305, 964	−82, 703, 964	7, 028, 169, 543	392, 640, 815
13	6, 539, 804	26, 149, 507	6, 241, 350	5, 971, 430	8, 597, 643
14	427, 159	5, 608, 912, 743	34, 159, 086	217, 594	69, 054, 728
15	4, 690, 827, 135	37, 189	−2, 603, 498, 715	180, 345, 726	7, 812, 065
計					

主催　公益社団法人　全国経理教育協会　　後援　文部科学省

第２回電卓計算能力検定模擬試験

１級　除算問題　(制限時間10分)

採　点　欄

(注意) 無名数で小数第５位未満の端数が出たとき、名数で円位未満の端数が出たとき、パーセントの小数第２位未満の端数が出たときは四捨五入すること。

【禁無断転載】

受験番号

No.	問題		
1	6, 161, 133, 135 ÷ 89, 623 =	%	%
2	650, 113, 892 ÷ 16, 582 =	%	%
3	1, 681, 853, 310 ÷ 70, 341 =	%	%
4	2, 534, 497, 482 ÷ 354, 079 =	%	%
5	3, 870, 604, 150 ÷ 92, 450 =	%	%
	No. 1～No. 5　小　計 ①	100 %	
6	0. 0693964034 ÷ 0. 08617 =	%	%
7	33, 285. 98051 ÷ 63, 194 =	%	%
8	5. 767094926 ÷ 0. 5906 =	%	%
9	0. 96075 ÷ 21. 875 =	%	%
10	70. 99587758 ÷ 472. 38 =	%	%
	No. 6～No. 10　小　計 ②	100 %	
	(小計 ①＋②) 合　計		100 %
11	¥ 368, 234, 812 ÷ 1, 298 =	%	%
12	¥ 4, 153, 322, 880 ÷ 57, 360 =	%	%
13	¥ 564, 436, 436 ÷ 29, 651 =	%	%
14	¥ 2, 563, 142, 310 ÷ 46, 713 =	%	%
15	¥ 3, 974, 213, 565 ÷ 84, 105 =	%	%
	No. 11～No. 15　小　計 ③	100 %	
16	¥ 861 ÷ 0. 02736 =	%	%
17	¥ 1, 662, 484 ÷ 98. 042 =	%	%
18	¥ 531, 232 ÷ 65. 3824 =	%	%
19	¥ 29, 531 ÷ 0. 30987 =	%	%
20	¥ 45, 294 ÷ 0. 74519 =	%	%
	No. 16～No. 20　小　計 ④	100 %	
	(小計 ③＋④) 合　計		100 %

主催　公益社団法人　全国経理教育協会　　後援　文部科学省

第２回電卓計算能力検定模擬試験

１級　乗算問題　（制限時間10分）

採点欄

（注意）無名数で小数第５位未満の端数が出たとき、名数で円位未満の端数が出たとき、パーセントの小数第２位未満の端数が出たときは四捨五入すること。

受験番号

No.							
1	198, 560	×	27, 513	=		%	%
2	589, 702	×	69, 485	=		%	%
3	725, 438	×	40, 276	=		%	%
4	36, 241	×	912, 607	=		%	%
5	671, 093	×	53, 890	=		%	%
No. 1～No. 5　小　計 ①						100 %	
6	2. 64187	×	380. 49	=		%	%
7	0. 852379	×	0. 76132	=		%	%
8	94. 0625	×	0. 05968	=		%	%
9	430. 7816	×	17. 24	=		%	%
10	0. 013954	×	8, 435. 1	=		%	%
No. 6～No. 10　小　計 ②						100 %	
（小計 ①＋②）合　計							100 %
11	￥ 832, 017	×	96, 530	=		%	%
12	￥ 6, 043, 189	×	8, 694	=		%	%
13	￥ 125, 763	×	73, 216	=		%	%
14	￥ 769, 540	×	37, 481	=		%	%
15	￥ 291, 478	×	20, 857	=		%	%
No. 11～No. 15　小　計 ③						100 %	
16	￥ 480, 352	×	0. 09375	=		%	%
17	￥ 317, 905	×	42. 703	=		%	%
18	￥ 74, 691	×	581. 062	=		%	%
19	￥ 508, 236	×	0. 15948	=		%	%
20	￥ 956, 824	×	0. 64129	=		%	%
No. 16～No. 20　小　計 ④						100 %	
（小計 ③＋④）合　計							100 %

主催　公益社団法人　全国経理教育協会　　後援　文部科学省

第１回電卓計算能力検定模擬試験

１級　複合算問題　（制限時間10分）

採　点　欄

（注意）小数第３位未満の端数が出たときは切り捨てること。ただし、端数処理は１題の解答について行うのではなく、１計算ごとに行うこと。

受験番号

No.	
1	(184. 037 ÷ 0. 24638) × (53. 219 ÷ 29. 506) =
2	(987, 236 − 101, 324) × (786, 523 − 591, 429) =
3	695. 387 ÷ 0. 092643 − 215. 069 ÷ 0. 52048 =
4	(124, 362 ＋ 129, 638) × (341, 277 ＋ 108, 723) =
5	462, 078 × 567, 193 ＋ 836, 051, 224, 632 ÷ 926, 734 =
6	623, 875 × 940, 172 − 686, 326, 036, 695 ÷ 719, 823 =
7	(972. 064 × 318. 659) ÷ (36. 741 ÷ 0. 45089) =
8	(547, 836, 092, 148 − 418, 634, 582, 536) ÷ (539, 274 − 281, 630) =
9	501, 280 × 714, 096 − 128, 777, 853, 798 ÷ 434, 271 =
10	(268, 503 ＋ 606, 294) × (948, 562 − 713, 086) =
11	817, 042 × 658, 257 ＋ 532, 014 × 609, 870 =
12	317, 980, 816, 109 ÷ 884, 147 ＋ 601, 552, 411, 173 ÷ 950, 841 =
13	(78, 095, 025 − 33, 559, 125) ÷ (850, 327 − 353, 452) =
14	(897, 386 − 238, 160) × (107, 958 ＋ 612, 047) =
15	(703, 108, 530, 641 − 280, 214, 730, 060) ÷ (329, 056 − 895, 307) =
16	(229, 847. 743 ÷ 86. 439) ÷ (95. 307 ÷ 3. 52768) =
17	(254, 776, 959 ＋ 332, 209, 041) ÷ (297, 560 ＋ 593, 065) =
18	652, 005, 648, 311 ÷ 764, 851 ＋ 401, 826 × 570, 894 =
19	(396, 754 ＋ 432, 085) × (406, 781 ＋ 168, 432) =
20	426, 380 × 571, 942 − 725, 840 × 890, 625 =

主催　公益社団法人　全国経理教育協会　　後援　文部科学省

採　点　欄

第１回電卓計算能力検定模擬試験

１級　見取算問題　（制限時間10分）

受験番号

No.	(1)	(2)	(3)	(4)	(5)
1	¥ 6,983,274,501	¥ 24,305,961	¥ 23,649,017	¥ 160,943,285	¥ 26,498,031
2	7,851,360	719,086,325	−54,683	7,152,430	−7,359,204
3	52,148,769	631,589,742	−356,420,791	32,514,709	438,670,192
4	319,706,548	9,547,023	−1,095,836,724	7,304,615,892	619,083,457
5	530,426,189	9,107,243,586	4,563,820	5,189,027	−981,607,523
6	41,035,697	340,962,758	−791,853	395,682	−53,726,908
7	9,584,302	3,967,154	5,980,412,376	853,207,146	−23,681
8	25,760,814	4,876,351,290	−61,927,405	49,678,013	8,174,652
9	4,612,079	82,475,019	−9,250,168	6,295,031,874	1,865,074
10	8,096,147,253	51,820,436	217,308,546	4,726,398	1,740,562,389
11	174,905,823	136,807	−8,934,157	86,749	5,730,946
12	271,435	8,792,603	3,679,280	573,294,106	3,069,241,875
13	7,402,593,681	2,068,493,571	4,602,183,579	28,340,561	74,351,829
14	32,968	14,879	847,065,912	9,081,462,537	−495,210
15	8,369,270	5,618,240	78,291,034	6,871,950	−8,502,914,763
計					

No.	(6)	(7)	(8)	(9)	(10)
1	¥ 8,910,632,754	¥ 6,829,504	¥ 9,450,863,271	¥ 295,874,036	¥ 39,086,157
2	564,378,092	230,514,967	81,759,403	6,708,135,249	1,635,942
3	93,450,786	72,491	267,905,814	47,350,918	3,478,192,560
4	57,219	4,087,129,356	5,176,028	762,105	−92,750,684
5	49,032,175	91,603,248	95,382	6,148,320	−183,709
6	7,032,941,568	5,237,860	−1,806,429,573	380,294,516	4,721,398
7	1,827,306	653,841,207	8,692,450	1,527,893	−2,013,469,875
8	86,204,317	14,357,682	−591,043,627	9,824,301,567	−8,254,031
9	429,563	3,102,465,798	−3,864,701	83,254	960,518,243
10	624,170,859	9,384,051	718,630,945	17,629,045	56,307,419
11	7,561,438	578,906,314	6,074,218,539	3,461,970	−749,635,802
12	378,946,021	2,768,930	32,147,980	5,069,817,432	−48,267
13	2,583,901	123,579	7,321,694	74,953,608	5,104,873,926
14	2,405,719,683	8,964,570,123	−49,532,067	432,076,189	7,962,051
15	6,195,840	48,091,675	−284,356	8,592,761	685,327,410
計					

主催　公益社団法人　全国経理教育協会　　後援　文部科学省

第１回電卓計算能力検定模擬試験

１　級　　除　算　問　題　（制限時間10分）

採　点　欄

（注意）無名数で小数第５位未満の端数が出たとき、名数で円位未満の端数が出たとき、パーセントの小数第２位未満の端数が出たときは四捨五入すること。

【禁無断転載】

受験番号

No.			
1	2, 288, 336, 752 ÷ 96, 538 =	%	%
2	6, 744, 870, 720 ÷ 85, 240 =	%	%
3	3, 217, 760, 489 ÷ 67, 901 =	%	%
4	702, 356, 660 ÷ 19, 354 =	%	%
5	4, 343, 364, 382 ÷ 741, 062 =	%	%
	No. 1～No. 5　小　計 ①	100 %	
6	19, 868. 46193 ÷ 32, 817 =	%	%
7	0. 0383751727 ÷ 0. 20793 =	%	%
8	7. 3996 ÷ 0. 08125 =	%	%
9	400. 0252153 ÷ 46. 79 =	%	%
10	0. 1398585761 ÷ 5. 3486 =	%	%
	No. 6～No. 10　小　計 ②	100 %	
	（小計 ① ＋ ②）合　計		100 %
11	￥ 1, 002, 840, 572 ÷ 36, 548 =	%	%
12	￥ 2, 909, 897, 326 ÷ 9, 431 =	%	%
13	￥ 990, 218, 880 ÷ 50, 316 =	%	%
14	￥ 3, 209, 117, 311 ÷ 42, 157 =	%	%
15	￥ 1, 186, 379, 440 ÷ 28, 970 =	%	%
	No. 11～No. 15　小　計 ③	100 %	
16	￥ 4, 490 ÷ 0. 04723 =	%	%
17	￥ 1, 254, 941 ÷ 697. 805 =	%	%
18	￥ 52, 193 ÷ 0. 83092 =	%	%
19	￥ 60, 129 ÷ 0. 71264 =	%	%
20	￥ 834, 674 ÷ 15. 689 =	%	%
	No. 16～No. 20　小　計 ④	100 %	
	（小計 ③ ＋ ④）合　計		100 %

主催　公益社団法人　全国経理教育協会　　後援　文部科学省

第1回電卓計算能力検定模擬試験

1級　乗算問題　（制限時間10分）

（注意）無名数で小数第5位未満の端数が出たとき、名数で円位未満の端数が出たとき、パーセントの小数第2位未満の端数が出たときは四捨五入すること。

受験番号

採点欄

No.	問題					
1	958,347 × 86,574 =			%	%
2	745,130 × 31,087 =			%	%
3	407,681 × 94,602 =			%	%
4	639,052 × 28,950 =			%	%
5	16,298 × 653,241 =			%	%
	No.1～No.5 小計 ①			100 %	
6	342.1875 × 0.5416 =			%	%
7	0.894103 × 0.09735 =			%	%
8	0.062714 × 701.63 =			%	%
9	2.73569 × 4.2398 =			%	%
10	58.0926 × 17.829 =			%	%
	No.6～No.10 小計 ②			100 %	
	(小計 ①＋②) 合計				100 %
11	¥ 380,476 × 45,718 =			%	%
12	¥ 256,937 × 32,940 =			%	%
13	¥ 618,324 × 13,052 =			%	%
14	¥ 4,705,192 × 8,479 =			%	%
15	¥ 579,810 × 76,193 =			%	%
	No.11～No.15 小計 ③			100 %	
16	¥ 94,085 × 248.536 =			%	%
17	¥ 723,968 × 0.90625 =			%	%
18	¥ 150,249 × 59.367 =			%	%
19	¥ 437,601 × 0.07281 =			%	%
20	¥ 862,153 × 0.61804 =			%	%
	No.16～No.20 小計 ④			100 %	
	(小計 ③＋④) 合計				100 %